精巧的生命

陈积芳——主编　　熊思东 高海峰 等——著

图书在版编目（CIP）数据

精巧的生命 / 熊思东等著．—上海：上海科学技术文献出版社，2018
（科学发现之旅）
ISBN 978-7-5439-7728-0

Ⅰ．① 精…　Ⅱ．①熊…　Ⅲ．①生命科学—普及读物　Ⅳ．① Q1-0

中国版本图书馆 CIP 数据核字 (2018) 第 166197 号

选题策划：张　树
责任编辑：王　珺　杨怡君
封面设计：樱　桃

精巧的生命
JINGQIAO DE SHENGMING
陈积芳　主编　熊思东　高海峰　等著
出版发行：上海科学技术文献出版社
地　　址：上海市长乐路 746 号
邮政编码：200040
经　　销：全国新华书店
印　　刷：常熟市文化印刷有限公司
开　　本：650×900　1/16
印　　张：14.75
字　　数：141 000
版　　次：2018 年 8 月第 1 版　2018 年 8 月第 1 次印刷
书　　号：ISBN 978-7-5439-7728-0
定　　价：32.00 元
http://www.sstlp.com

目录

我们是如何听到声音的

人耳感受声音的过程就是听觉的产生过程。听觉的产生过程是一个复杂的生理过程，它包括三个基本过程：声波在耳内的传递过程；声波在传递过程中由声波引起的机械振动转变为生物电能，同时通过化学递质的释放而产生神经冲动的过程；听觉中枢对传入信息进行综合加工处理的过程。

作为听觉器官，人耳有着精细的构造，以感知外界的声音。外耳包括耳郭和外耳道两部分，主要作用是收集及部分放大声音和参与声音方向的辨别。中耳的结构比外耳复杂，有鼓室、咽鼓管、鼓窦及乳突四部分。鼓室又称中耳腔，容积约为 2 毫升。中耳腔内有一条通到鼻咽部的管道，叫作咽鼓管。咽鼓管使中耳与外界相通，起到调节鼓室压力的作用，但容易导致细菌的感染。鼓室内有听小骨、肌肉、韧带和神经组织。内耳构造非常精细，管道盘旋，好像迷宫一样，故称为迷路。内耳分为三部分，即半规管、前庭和耳蜗。半规管和前庭主要负责身体平衡，耳蜗则负责感受声音。外耳、中耳是接受并传导声音的装置；内耳则是感受声音和初步分析声音的场所。所以，外耳、中耳合称为传音系统，而内耳及其神经传导路径则称为感音神经系统。

声波是通过空气传导和骨传导这两种途径传入内耳的。正常情况下以空气传导为主，也就是说声波通过这两种途径传入内耳使柯蒂器中的毛细胞兴奋，毛细胞又和耳蜗神经的末梢相接触，毛细胞兴奋后激发化学递质的释放，使蜗神经产生冲动。冲动经蜗神经传导路径传入大脑，经大脑皮质听觉中枢的综合分析，最后才使我们感觉到声音，即听到声音。

作为综合分析的神经系统，在听觉中起着重要作用。随着动物的进化，神经系统的许多功能越来越多地集中到大脑皮质。根据研究表明，人的皮质听区位于大脑颞叶的颞横回前部。复杂声音信息的精确分辨、处理及加工都在皮质听区进行。若人类两侧皮质听区被破坏，可造成全聋。在局麻下进行脑外科手术的病人中，电刺激该部位可以引起各种声音感觉。

一侧皮质听区虽然同时接受双耳传来的信息，但对对侧刺激比较敏感。也有学者认为，左右侧皮质听区对不同性质的声音信息的处理具有不同的选择性。如左侧皮质听区选择性地处理语言信息，而非语音信息，而音乐声多由右侧皮质处理。临床上观察到左侧颞叶听区的损伤，对语言信息分辨力的影响程度明显地大于右侧颞叶听区的损伤。所以，临床医生为一个双耳听力损失程度接近的人选戴助听器时，往往先以左侧耳为首选佩戴耳。

不是所有的声音，人耳都可以感觉到，声音必须达到一定强度才能引起听觉，引起听觉的最小强度称为听阈。也可以说，每个人对各种频率的纯音信号都有一个能感受到的最小强度，这个刚刚能听到的声音强度就是某个人对某种频率声音的听阈。人耳的听阈随着音频不同而有变化，能听到的强度越低（声音越小），说明听力越好；强度越高（声音越大）听力越差。临床上常用听阈值来代表听力的好坏。听阈是测定听力损失的最基本测验。听阈的单位用分贝来表示。临床上应用的纯音听力计就是将正常青年人在各频率所听到的听阈平均计算后作为零值，即听力零级，也就是我们所说的听力级，它与声压级之间有一种换算的关系。常用的听力计设计就是以他们的平均听阈作为标准零级。我国于 1974 年公布了暂行听力计零级标准。因此，阈值的测定可以反映各种听觉障碍的程度。

适应是许多感觉功能所共有的一种生理特性。听觉的适应现象是指声音在持续作用过程中，听觉器官敏感性一度降低的现象。当声音强度适当而持续时间又不太长时，在声音刺激停止后 10~15 秒，听觉敏感度一般即可恢复至适应前水平。

当声音较强或持续作用时间过长，致使听觉敏感性降低的持续时间超过数分钟时称为听觉疲劳。倘若听力的恢复需数小时甚至数日的话，这种现象称为暂时性阈移。在感音神经性听力障碍中，蜗后病变病人的听觉容易出现适应与疲劳现象。

（邓富刚）

揭开嗅觉的奥秘

人类为什么可以分辨自然界中各种物质的气味？在某个春天的清晨闻到丁香花的独特香味，多年以后为什么还可以清晰地回想起来？这些，都应归功于我们的嗅觉系统。如果没有嗅觉，所有的东西闻起来都是一个味，无所谓香，也感觉不到臭，更可怕的是，嗅觉丧失还会带来危险，例如在失火时闻不到烟味。然而，人类虽然可以识别并记忆1万余种气味，但是一直以来，人类对于嗅觉产生的基本原理却几乎一无所知。终于，两位“气味专家”对此做出了解答。

瑞典卡罗林斯卡研究院宣布，2004年度诺贝尔生理学或医学奖（简称医学奖）被授予两名美国科学家，时年58岁的理查德·阿克塞尔（Richard Axel）和57岁的琳达·巴克（Linda B. Buck）。他们发现了气味受体和嗅觉系统的结构组成，阐明了嗅觉系统的工作原理。诺贝尔委员会称，本年度诺贝尔医学奖之所以颁给他们，不在于其工作会产生什么实用价值，而在于他们的研究增进了人类对自身最神秘莫测的感觉——嗅觉的理解。而在此之前，嗅觉的产生机制一直是人类诸种感觉中最令人困惑的一个谜。

1991 年，巴克在哥伦比亚大学和导师阿克塞尔共同发现了包含鼻子里的气味感受器的基因图谱。他们联合发表了具有里程碑意义的论文，宣布发现了包括约 1 000 种不同基因的一个基因大家族，以及这些基因对应着的相同数目的气味受体种类。而在此之前，对于需要多少种气味受体才能区别环境中的气味的问题，科学家们只能进行猜测。

随后，两人各自进行独立研究，从分子层面到细胞组织层面清楚地阐明了嗅觉系统的作用机制。1999 年，相关的基因密码被破译。根据这种密码，每个气味感受器能识别多种气味，每种气味也能被多个气味感受器识别，因此，气味感受器通过一种复杂的合作方式一起识别气味。

他们发现，气味感受器在鼻子后部，是一种在鼻腔细胞表面的蛋白质分子，通过与特殊的气味分子结合来识别气体。由 1 000 种不同基因组成的嗅觉受体基因群约占人体基因的 3%，如此高的比例足以说明嗅觉的重要性。

嗅觉感受器位于鼻腔后上部的嗅上皮内，其感受细胞为嗅细胞，数量约为500万。嗅细胞是一种双极神经元，它的中央轴突穿过筛板进入嗅球，而周围轴突则突出于上皮表面，其顶端有数条纤毛，气味受体就存在于这些嗅毛上。所有气味受体的结构都很相似，皆为7次跨膜蛋白，且都属于G蛋白偶联受体（GPCR），某些结构上的微小差异导致了其只能识别并结合某些特定的气味分子。

▲ Axel 和 Buck

嗅觉的产生不仅需要外周组织对不同气味分子的识别，而且还需要可以辨别气味的中枢机制，因而科学家们需要解决第二个问题：神经系统如何获得气味信号并对其进行处理和传递，最终产生不同的嗅觉？

1991年以后，虽然阿克塞尔和巴克带领各自的团队进行嗅觉研究，但在研究中得到的很多结论却惊人的一致。他们应用最先进的细胞和分子生物学技术，通过对嗅觉系统从外周到中枢各个层面结构的研究，回答了上述问题。

鼻上皮层的每一个嗅细胞都只表达某一种特定的气味受体，因此，气味受体有多少种，嗅细胞的种类也就有多少种。在鼻上皮层中，表达相同气味受体的嗅细胞呈分散排列，表达不同气味受体的嗅细胞散置其中，因而气味信号呈高度分散式分布。在这里，一种气味的代码是数个分散存在的嗅细胞的总和，其中每个嗅细胞都表达其气味受体码的一个组分。

当气味信号从鼻上皮传递至嗅球后，便呈现出另一种分布模式：表达相同气味受体的嗅细胞的轴突都汇聚于同一个嗅小球上，因而气味信号呈精确的空间立体分布。在这里，一种气味的代码是数个特定嗅小球的立体组合，而且在不同的个体中都一样。嗅小球不但与嗅细胞之间存在特异性联系，而且与上一级神经元——僧帽细胞也是特定的一对一联系。每一个僧帽细胞只能被一个嗅小球激活。这种联系方式维持了信息传递过程的特异性。在每个嗅小球中，表达相同气味受体的许多嗅细胞的轴突与僧帽细胞的树突形成若干突触，这种结构使哺乳动物具备了识别环境中极低浓度化学物质的能力。虽然嗅细胞寿命很短，更新很快，但气味信号在嗅球中的传入模式却总保持不变，这就保证了某种特定气味的神经代码不会随时间而改变，这也是气味可以被长久记忆的基础。

气味信号在从嗅球传递至嗅皮质的过程中同样存在着精确的传入模式，而且在不同个体中也都一样，这就可以解释为什么不同的人对同一种气味的感觉都非常类似。僧帽细胞将每一种气味信号定向传至特定区域的皮质神经元，然后再通过整合，嗅觉便产生了。此外，气味信号还可以被传递至与情绪相关的边缘系统，这就很好地解释了“嗅觉可引起情绪和食欲等生理学变化”的现象。然而，巴克认为，虽然他们已经在嗅觉系统结构方面进行了长达 16 年的研究，但仍然只窥及了冰山的一角，还要继续进行探索。此外，他们所发现的嗅觉系统的普遍性原理可能也适用于其他感觉系统，例如，影响动物社会行为的信息激素（pheromones）以及味觉等。

（邓富刚）

知识链接

嗅觉障碍产生的原因

1. 鼻腔的阻塞性病变：由于鼻腔内出现异常的组织，鼻腔内气流方向的改变，或者鼻腔嗅区黏膜炎症性病变，外界的气味不能到达嗅区黏膜或者刺激嗅觉感觉细胞发生反应，则患者不能感觉到气味的存在。相关疾病包括鼻窦炎鼻息肉、鼻腔内的良恶性肿瘤、严重的鼻中隔偏曲或者鼻中隔穿孔等。这些患者也会因为鼻腔内脓性分泌物的潴留闻到臭味，部分患者通过手术去除阻塞性因素后嗅觉可以改善或者恢复。

2. 头部外伤：由于鼻腔内嗅觉感觉细胞与大脑高级中枢连接的神经纤维极为纤细，而且与大脑的底部垂直，因此在头部外伤的情况下，大脑和头颅底部骨质之间的相对运动会剪断嗅觉神经，而人类的嗅神经再生能力很差，从而导致患者丧失嗅觉。这种情况与头部外伤的严重程度之间没有必然的关系，可能很轻微的损伤也能引起嗅觉丧失。

3. 病毒感染：多数人都会在感冒期间出现嗅觉功能的减退或者丧失，但是经过一段时间后，都会恢复。但是，一些人会在一次严重感冒后，出现嗅觉的丧失，而他们往往难以将感冒与嗅觉改变联系起来。其实，这是由于病毒损伤了嗅觉神经引起的。上呼吸道感染症状的病原体有100多种，最常见的是鼻病毒、腺病毒、流感病毒、冠状病毒、副流感病毒、麻疹病毒和呼吸道合胞病毒等，流行病学调查提示，副流感病毒3型可能是造成嗅觉障碍的病原体。一般认为，这些患者的恢复率高于外伤者。

4. 老年性嗅觉改变：由于嗅觉神经细胞的退化，老年人的嗅觉功能都有不同程度的减退。目前还发现，两种特殊的疾病——阿尔茨海默病和帕金森病，该病患者往往在早期出现嗅觉的下降，具体原因还不清楚，但是可以作为发生该病的一个预警信号。

其他引起嗅觉障碍的原因还有化学物质损伤、放疗、营养不良及先天性嗅觉丧失等。

梦的本质

我们日常生活中有这样一句谚语叫“日有所思，夜有所梦”。这句话对不对呢？应该说有一部分是经验之谈，也有一部分是科学根据。对梦的理解，古今中外都有很多解释。比如说中国的《周公解梦》，在欧洲乃至世界范围影响最深的是弗洛伊德的《梦的解析》，他把构成梦的材料和来源分为3种，即梦总是以最近几天印象较深的事情为内容，梦可来自肉体的刺激，梦与儿童早期经验有关。

梦是最近生活痕迹的复现。弗洛伊德认为梦与日常生活的痕迹有联系，特别是做梦的前一天经验。最近所发生的印象能构成梦的材料，组成其来源。同样，很久以前发生的现象也能对梦的内容产生影响。弗洛伊德说，只要是那些早期的印象与做梦当天的某种刺激能有所关联的话，那么梦的内容是可以包含一生中各种时间所发生过的印象的。他把梦的来源和具体构成形式概括如下：

一种最近发生而且在精神上有重大意义的事件，它直接表现在梦中；几个最近发生而且具有意义的事实，在梦中成为一个整体；一个或几个最近发生的具有重大意义的事件，以一个印象在梦中表现出来；对梦者有重大意义，但在梦中以无任何关系的印象表现出来。

儿童时的早期经验也可形成梦的来源。弗洛伊德很关注儿童早期经历在梦中的重现。他认为，童年的体验一般并不消失，它深深藏在潜意识中，梦通过各种曲折的方式将它表现出来。莫瑞记录了一则梦：有一个人决定要回到已离开 20 年的家乡。出发的当晚，他梦见自己在一个完全陌生的地方，与另一个陌生人交谈。他回家后才发现梦中的地方是自己的故居，梦中的陌生人是他父亲生前的好友。弗洛伊德指出这是梦者儿时曾见过的事情的重现。不过儿时的经验沉睡在潜意识中，由于思乡心切，沉睡的经验被释放出来，乃幻化为有预见色彩的梦。还有一种所谓“常年复现的梦”，这是小孩时做过的梦，在成年后不断地重复出现在梦中。有一位 30 岁的医生，他从小到现在就经常做梦看到一头黄狮子，狮子栩栩如生，他甚至可以清楚地描绘出来。后来，他终于发现了梦中的狮子——一个早被遗忘的瓷器做的黄狮子。母亲告诉他，这是他儿时最爱的玩具，而他自己却一点也记不起来了。弗洛伊德在对精神病病人进行精神分析时，很注意梦的分析，尤其是注意分析童年时的经验对梦的影响。

梦的第 3 种来源是肉体方面的来源（躯体内外的刺激）。许多虚幻的梦都来自躯体内外的感觉和知觉刺激。梦中的许多观念也来自感官的刺激，尤其是全身性的刺激，分为 3 种：由外在事物引起的感官刺激；人所意识到的感官内的兴奋状态；由内脏引发的机体内部的刺激。弗洛伊德认为肉体刺激与梦之间的关系不是绝对的。他提出 3 点疑虑：

人们身体内外的刺激一般并没有反映在梦里。

许多梦用这条原理无法解释。例如，为何梦中那些外来刺激的真实性质往往不易看出来，而以别物取代；为何心灵对这些刺激所产生的梦是如此的不确定和变化多端？

无法确定外界刺激必然会导致梦的形成。因为外界刺激引起人的反应是多种的。

最后弗洛伊德指出，要解决上述难题，必须找出梦的肉体来源与梦的内容之间的关系，用新的方法来释梦。弗洛伊德认为梦具有精神活动的内在价值，愿望形成梦的动机。梦在形成中是以过去的生活经验为基础的，在其中加入了外界的刺激。这些刺激融合在人们以往的生活经验之中，但又不能忽视它们的存在。所以体内外的刺激是形成梦的重要原因，“这些刺激确实重要，因为它毕竟是一种真实的肉体感受。再借着与精神所具有的其他事实综合，才完成了梦的资料。换句话说，睡眠中的刺激必须与那些我们所熟悉的日常经验遗留下来的心灵剩余物结合而成一种‘愿望、达成’”。弗洛伊德指出，梦的本质并不以体内外的刺激对人施加的作用而有所改变。从实质上讲，梦乃是愿望的达成。

为什么人要睡眠，要做梦，也就是说睡眠和做梦有什么功能呢？大体有这样的功能。一个方面，就是要解除疲劳，休整身体。解除疲劳与休整身体是什么意思呢？什么叫疲劳呢？疲劳就是人在体力活动和脑力活动以后，能源的耗竭。脑的能源主要是靠血液供给葡萄糖。体力和脑力活动需要的葡萄糖很多，如果从血液供给的葡萄糖还满足不了它的需要，这个时候它就会动用肌肉里面的肌糖原，以及肝脏里面的肝糖原，利用身体的储备。利用身体储备的过程就会产生一种叫乳酸的东西，所谓乳酸，顾名思义是一种酸性的物质。这个酸性的东西多了，便是疲劳的生理上、生化上的一种表现，睡眠就可以解除这种疲劳。

为了解除疲劳，人们就睡着了，人的一切活动停止了，肌肉消耗也降低了，这个时候为了节能，体温也降低。这个时候，身体还有一个功能，就是要合成新的蛋白质。比如说红血球，血液成分要隔一段时间才换成新的，换就需要合成新的蛋白质，多半都是在晚间睡觉的时候合成。睡眠是解除疲劳与休整身体的一个必不可少的环节。因此人类要用 1/3 的时间去休整身体，解除疲劳。

（乔　滨）

长寿的相关因素

影响长寿的因素有哪些呢？概括起来，主要有以下几个方面：

婚姻。日本的一项研究资料表明，离婚者与夫妻恩爱者相比，前者的寿命男性平均缩短12岁，女性缩短5岁；在20~40岁间，已婚者的死亡率比独身低50%。瑞典的医学科研人员对989名50~60岁的人追踪观察9年，发现离婚者或鳏夫有22%死亡，而白头偕老者去世的只有14%；离婚妇女患子宫癌的死亡率比未离婚者高2倍；独身者肝硬化的发病率比非独身者高3倍。

生育。有人统计90~111岁的227名长寿者的父母，均未发现近亲结婚的；相比晚婚少育者与子孙满堂者的晚年生活，前者能外出活动、能生活自理的占71.4%，后者只占38.1%。

睡眠。美国癌症协会的一项调查表明，平均每晚睡7~8小时的人，寿命最长；每晚平均睡10小时以上的人，比每晚睡8小时者的死亡数高2倍。资料还表明，有良好午睡习惯的中老年人的免疫功能要比不午睡者强，并且不容易诱发老年性疾病，如冠心病、高血压等。合理的午睡时间应在午饭后的半小时，上床休息30~60分钟。

情绪。健康长寿多与开朗乐观为伴，忧郁烦恼总同疾病相随。美国耶鲁大学门诊部对所有求诊病人做病因分析，结果发现因情绪不好而致病的占76%。另有人调查250名癔症病人，发现患病前精神受创伤者达63%。美国某医院对45名医科大学毕业生观察30年发现，凡喜怒无常、沉湎在个人情感中的人，有77.3%患癌症、高血压、心脏病和情感失调等症。苏联的别依林博士调查则证实，80岁以上的老年长寿者中有96%是笑口常开的。

性格。上海华东医院曾做过一系列性格调查，结果表明性格悠闲不好强、温和平静、从容不迫、深思熟虑、不慕虚名的老人，长寿者占83%；性格急躁易怒、缺乏耐心、节奏快、有过分的竞争心理的老人中，长寿者只占14%。

身高。我国遗传学家对广西、湖南等地的90岁以上长寿老人做调查，发现长寿者的身高都在1.26~1.58米，体重为40公斤左右。美国学者杜丝·马劳斯假设以1.73米为美国男性高矮的界限，调查750名已故者的身高与寿命的关系，结果发现矮个子寿命比高个子平均多 9 年。历届美国总统中矮者平均寿命 80.2 岁，高者平均寿命 66.6 岁。身高在 2.30 米以上的 9 个超级巨人，平均寿命只有 39.8 岁。

社交。美国耶鲁大学医学院的伯克曼教授在加州随机对 7 060 名成人做了一次 9 年的跟踪研究，结果发现社交广泛者寿命较长，因为广泛的社交，会对一个人一生中的不幸遭遇起有益的缓冲作用。如中老年人长期在高楼中独自生活，就会变得性情孤僻、精神萎靡、食欲减退，进而对生活失去信心，由此导致健康状况每况愈下而缩短寿命。

适当的胖。适当的胖更长寿。人们总以为，“千金难买老来瘦”，事实上，这并不完全正确，国内外医学家通过大量资料统计分析及临床观察后指出，长寿的秘密恰恰在于适当的胖。专家们说，高血压和糖尿病与体重增加有关，但糖尿病、高血压与冠心病也并不完全由肥胖所致，还存在其他一些病理因素。医生们发现，糖尿病病人中至少有五分之一是瘦弱型的，而高血压在消瘦者中更是经常见到。

另外，美国科学家在最新一期的《科学》杂志上称，他们发现和查清了影响人类长寿的三大要素——体温、血液中胰岛素和脱氢异雄固酮（DHEAS）的含量。探究有关的生理机制将有可能发现使人类延年益寿的新方法。文章指出，一般来说，那些体温较低、血液中胰岛素含量较低和脱氢异雄固酮含量较高的人寿命较长。负责此项研究的美国衰老研究所的罗斯博士说，他的科研小组是通过对人体长期研究和有关动物试验得出上述结论的。自 1958 年以来，罗斯小组对 1 500 人进行了跟踪研究，分析其体温、体内的胰岛素和脱氢异雄固酮含量与寿命的关系。结果发现，体温和体内的胰岛素水平低或脱氢异雄固酮含量高的人生存机会更大。但目前尚无数据明确显示这些因素对长寿到底起多大作用。有关动物试验显示，动物长寿与其新陈代谢较为缓慢有关。罗斯小组在动物试验中严格控制动物的进食量，结果发现，它们比未控制进食量的一组寿命长，有的动物的寿命甚至比正常寿命高出 40%，这些高寿动物的体温普遍低于正常值，胰岛素水平较低，而脱氢异雄固酮水平较高。人的平均体温约为 37 摄氏度，一些人可能与此相差近 1 ℃，罗斯博士认为，人与人之间上述 3 种指标的差异必定有其他原因，他认为可能与基因有关，也可能是除饮食以外的生活方式不同。对这些问题的深入研究可能会发现人类长寿的秘密。

（乔　滨）

血型的奥秘

血液可以说是生命的载体，没有血液在体内的循环，新陈代谢就不能够进行，输送血液的泵——心脏停止跳动，生命也就终结了。失血过多，生命垂危，就要输血。人生了病，一般都要验血，因为血液中可以查出病变的信息。

很久以前，虽然有很多人已经认识到血液对于人生命的重要性，但却不知道人类血液还存在型别之分。那时医生们以为失血过多，可以随便把别人的血输过去，但是有时候有效，有时候反而使病人突然死亡，造成了因为输错血型而致死的悲剧。到了 1920 年，奥地利维也纳大学的病理学家兰特斯坦纳（Landsteiner），通过无数次试验终于发现血液是有不同类型的，不同类型的血是不能随便掺和的。从此，临床输血才步入科学的轨道，人类的血液才发挥出救护生命的巨大作用。为此，兰特斯坦纳获得了1930年的诺贝尔奖，并赢得了“血型之父”的美誉。开始时，他只发现了人类红细胞血型A、B、C三型。1902年他的学生Decastello和Sturli又发现了A、B、C之外的第四型。后来国际联盟卫生保健委员会将这四型正式命名为A、B、O、AB型，这就是现在人们熟知的红细胞ABO血型系统。在以后的数十年里，科学家又相继发现了几种血型。1940年Landsteiner和Wiener发现了Rh血型，到1995年，共发现23个红细胞血型系统。

人类的血型是由遗传决定的，子女的血型是由父母双亲的染色体遗传而来，人血中的红细胞、白细胞、血小板以及血浆蛋白等都分成不同的型。除单卵双生外，可以说世界上很难找到两位血型完全相同的人。我们通常所说的血型是指红细胞的血型，是根据红细胞表面的抗原特异性来确定的。已知人类的红细胞有15个主要血型系统，其中最主要的是ABO血型系统，其次为Rh血型系统。

ABO血型系统。临床上最重要的是将人类血型分A、B、AB、O四种（称为ABO血型系统）。在人类的血液里含有凝集原（又称抗原）A、B和凝集素（又称抗体）A、B。凝集原附着在红细胞表面，凝集素存在于血浆（或血清）中，同名的凝集原和凝集素相遇（如凝集原A和凝集素A）会发生红细胞凝集现象（溶血反应）。所以在人体的血液中，所含的凝集原和凝集素是不同名的，即红细胞含凝集原A，血清中含凝集素B（简称抗B），相反，红细胞含凝集原B，血清中含凝集素A。根据人体血液中所含凝集原和凝集素的类型不同，可分为A、B、AB、O四种血型。血型是遗传决定的，亲代与子代的血型关系取决于遗传因素，如双亲都是O型，子代也是O型，亲代是O型或AB型，则子代为A型或B型。

Rh血型。Rh是恒河猴（Rhesus Macacus）外文名称的头两个字母。兰德斯坦纳等科学家在1940年做动物实验时，发现恒河猴和多数人体内的红细胞上存在Rh血型的抗原物质，故而命名。凡是人体血液红细胞上有Rh抗原（又称D抗原）的，称为Rh阴性。这样就使已发现的红细胞A、B、O及AB四种主要血型的人，又都分别一分为二地被划分为Rh阳性和Rh阴性两种。随着对Rh血型的不断研究，认为Rh血型系统可能是红细胞血型中最为复杂的一个血型系。Rh血型的发现，对更加科学地指导输血工作和进一步提高新生儿溶血病的实验诊断和维护母婴健康，都有非常重要的作用。根据有关资料介绍，Rh阳性血型在我国汉族及大多数民族人中约占99.7%，个别少数民族约为90%。在国外的一些民族中，Rh阳性血型的人约为85%，其中在欧美白种人中，Rh阴性血型人约占15%。

大部分人有种错误的观点，他们认为血型可以决定人的命运、爱情、性格。这套日本传来的歪理，在日本已造成社会危害，受到科学界和社会的谴责。有的公司和企事业单位在用人时，不是根据人的才德学识，而是根据是什么血型来录取人，再有就是交朋友、谈恋爱也要看血型，一看血型不对，立刻就吹！真是咄咄怪事。这些歪门邪道最近也传到我们的身边，我们千万不要相信，和朋友、同学交往千千万万别去考查血型，你是O型血不要洋洋得意，你不好好学习，助人为乐，同样不会是大公无私；你是AB型血绝不要自暴自弃，因为你不是生来就是自私自利的人。大家一定要摆脱血型决定命运的枷锁。2 500多年前，古希腊的医圣希波克利特曾经研究过人的气质，他把人的气质分为四类：胆汁质、多血质、黏液质和抑郁质，这相当于我们通常讲的豪放型、乐观型、沉默型和内向型。希波克利特曾认为人的气质可能与人的体液有关，当2 000多年后，人们发现了血型，就想把人的气质用血型来解释，但实际的统计的结果并非如此。的确，血型是和父母遗传相关的，即所谓“血缘关系”，但性格则是不能遗传的。如果说子女与父母在性格上相似，那也是后天的影响。

（乔　滨）

维生素 A 与夜盲症

维生素 A（Vitamin A）又名视黄醇（Retinol），是人类最早发现的维生素，由 β- 紫罗酮环与不饱和一元醇组成，有维生素 A_1 和维生素 A_2 两种类型。维生素 A_1 为视黄醇，主要存在于哺乳动物和海洋鱼类的肝脏中；维生素 A_2 为脱氢视黄醇，主要存在于淡水鱼中。维生素 A_2 的生物活性约为维生素 A_1 的 40%。维生素 A 是一种淡黄色物质，只存在于动物性食品中。植物体中所含有的黄红色物质中很多属于类胡萝卜素，胡萝卜素为维生素 A 的前体。在动物体内胡萝卜素可以被转化为维生素 A，并具有维生素 A 的生物活性，被称为维生素 A 原。维生素 A 在烹调中对热稳定，遇氧则易被氧化，高温与紫外线可促进这种氧化破坏，若与磷脂、维生素 E 和维生素 C 及其他抗氧化剂并存则较为稳定。维生素 A 溶于脂肪或脂肪溶剂，不溶于水。

天然维生素 A 只存在于动物体内，动物肝脏、鱼肝油、奶类、蛋类及鱼卵等是维生素 A 的最好来源；胡萝卜素来源于绿色蔬菜及红黄色蔬菜，如菠菜、苜蓿、豌豆苗、红心甜薯、胡萝卜、辣椒、冬苋菜，以及杏子和柿子等水果。β - 胡萝卜素是我国人民膳食中维生素 A 的主要来源。

维生素 A 的主要功能是促进机体生长发育，促进生殖和骨骼的生长发育以及维持眼底视网膜的正常视觉反应，维护上皮细胞的完整性，防止多种上皮肿瘤的发生，对婴幼儿特别重要。缺乏维生素 A 时，致癌物在体内毒性作用增强，补充后可使已癌变细胞恢复正常。有助于祛除老年斑，外用有助于对粉刺、脓疱、疖疮、皮肤表面溃疡等症的治疗。有助于对肺气肿、甲状腺功能亢进症的治疗。有保持组织或器官表层健康，预防和治疗呼吸系统感染的作用。

生活中有些人白天目光敏锐，视力正常，可到了晚上或光线黑暗的地方就看不清，甚至模糊一片，这就是俗称的“雀盲眼”，医学上称为“夜盲症”。

人为什么会得夜盲症呢？原来人的眼睛里有两种管视觉的细胞，一种是粗而短的锥状细胞，负责白天看东西、辨颜色；另一种是细而长的杆状细胞，负责暗视觉。视杆细胞外段含有视色素，是感光部分。视色素含视紫红质，由维生素 A 醛与视蛋白结合而成。维生素 A 醛由维生素 A 氧化而来，经异构酶作用使其变为 11- 顺式维生素 A 醛。如果人体内维生素 A 缺乏，就会使紫红质的合成减少，使感受弱光的功能发生障碍，造成在微弱光线下辨不清物体，这就是因维生素 A 缺乏而引起的夜盲症。夜盲症可发生于任何年龄段的人，但以儿童青少年为多，且男孩多于女孩。

最有效的预防方法是保证膳食中有丰富的维生素 A 或胡萝卜素的来源。因为维生素 A 有大量储藏于肝脏的特点，因此只要不是超过中毒剂量，有时多摄取一点储藏于体内，以备食物中维生素 A 不足时的调节使用。维生素 A 最好的来源是动物性食品如黄油、蛋类、肝与其他动物内脏。但这在经济不发达的地区不易办到，因此应注意摄取富含胡萝卜素的蔬菜如番茄、胡萝卜、辣椒、红薯、空心菜、苋菜等。有些水果如香蕉、柿子、橘、桃等含量也很丰富。棕榈油中胡萝卜素含量很丰富，可用来烹调食物。此外，还应考虑用维生素 A 强化食品，尤其是婴幼儿食品，如用脱脂奶中乳化的维生素 A 来强化，也可在面粉制品或糖果中补充维生素 A。儿童青少年要应做到不偏食，不挑食，防止因饮食失调而致维生素 A 缺乏。

其次，应注意公共卫生与环境卫生，如防止寄生虫感染、痢疾、肝炎、胃肠道炎症、肺炎、呼吸道炎症、长期慢性腹泻等，以避免疾病干扰维生素 A 的吸收、储存、利用并加速维生素 A 的消耗。

一旦患了夜盲症，应在医生指导下口服维生素 A，一般每日口服 2.5~5 万国际单位，分 2~3 次。一般 2~3

天可望好转。夜盲症病人多吃些动物肝脏及胡萝卜也有一定治疗作用。

维生素 A 缺乏症表现为暗适应时间延长，重者为夜盲、干眼症、结膜干燥、角膜软化、眼眶下色素沉着、皮肤毛囊角化及皮肤干燥。进一步发展可出现角膜溃疡、穿孔、失明，还可出现结膜皱褶和毕脱斑；骨骼发育受阻、免疫和生殖功能下降。

维生素 A 进入机体后排泄效率不高，长期过量摄入可在体内蓄积，引起维生素 A 过多症。成年人长期每天摄入 15 000 微克视黄醇当量，即可出现中毒症状，主要症状为厌食、过度激惹、长骨末端外周疼痛、肢体活动受限、头发稀疏、肝肿大、皮肤瘙痒、头痛、头晕等。及时停止食用，症状可很快消失。成人一次摄入维生素 A 99 000~33 000 微克视黄醇当量，儿童一次超过 99 000 微克视黄醇当量，可发生维生素 A 急性中毒。成人于 6~8 小时后出现嗜睡或过度兴奋、头痛、呕吐、颅内压增高，12~30 小时后皮肤红肿变厚，继之脱皮（以手、脚掌最为明显）；婴幼儿急性中毒以颅内压增高为其主要特征，血清维生素 A 含量剧增。

人体每天究竟摄入多少维生素 A 才能满足需要呢？全国营养调查结果显示：当人均每天摄入维生素 A 75 微克视黄醇当量、胡萝卜素 580 微克视黄醇当量，把它们相加则是 655 微克视黄醇当量时，未出现维生素 A 缺乏，就可以满足基本需要了。2000 年中国营养学会推荐了维生素 A 的参考摄入量：成年男子为每天 800 微克视黄醇当量，成年女子为 700 微克视黄醇当量。婴幼儿与儿童的不同年龄段，供给量有所不同（200~750 微克视黄醇当量），孕妇 1 000 微克，乳母 1 200 微克视黄醇当量。

维生素是一类低分子有机化合物，它是人体生长、发育、生殖及维持生理机能所必需的营养素。它不是构成各种组织的主要原料，也不是体内能量的来源，其作用主要是调节物质代谢。人体对各种维生素的需要量并不多，每日仅为若干毫克或微克，而且多数维生素在体内不能自行合成，或虽有少数能在体内由其他物质转化生成，但仍不能满足人体需要，必须由食物供给。

维生素的化学结构各不相同，性质特点也差别很大，无法按一般的方法进行分类。人们发现有一些维生素能溶解于水，而另一些却不溶于水。科学家根据维生素的溶解性将其分为脂溶性维生素、水溶性维生素以及类维生素物质三大类：

脂溶性维生素：主要有维生素 A、维生素 D、维生素 E 及维生素 K；

水溶性维生素：主要有 B 族维生素及维生素 C。B 族维生素包括 8 种水溶性维生素，即维生素 B_1、维生素 B_2、维生素 B_3（泛酸、遍多酸）、维生素 B_6、烟酸（维生素 PP、尼克酸）、生物素、叶酸和维生素 B_{12}；

类维生素物质：机体内存在的一些物质，尽管不是真正的维生素类，但它们所具有的生物活性却非常类似维生素，因此把它们列入复合维生素 B 族这一类中，通常称它们为“类维生素物质”。其中包括：胆碱、生物类黄酮（维生素 P）、肉毒碱（维生素 BT）、辅酶 Q（泛醌）、肌醇、维生素 B_{17}（苦杏仁苷）、硫辛酸、对氨基酸苯甲酸（PABA）、维生素 B_{15}（潘氨酸）等。

（郭　强）

维生素 D 与佝偻病

1916 年人们从鳕鱼肝油中提取到一种有抗佝偻病作用的物质，命名为维生素 D。因其有抗佝偻病的作用，所以也有人称之为抗佝偻病维生素。1924—1925 年，人们发现紫外线照射可以在皮下产生抗佝偻病的维生素。1966 年，后续的研究者发现，维生素 D 在机体内需要转变为活性的代谢物后才能发挥生理作用。这一发现揭开了维生素 D 的作用原理，对人们深入了解维生素 D 具有重要意义。维生素 D 是一种白色晶体，能溶于脂类溶剂中。在中性及碱性溶液中比较稳定，能耐高温且不易氧化，在 130 ℃时加热 90 分钟，其生理活性仍能保存，这是其他维生素所不具备的，但在酸性条件下会逐渐分解。

维生素 D 是所有具有胆钙化醇生物活性的类固醇统称，其中维生素 D_2（骨化醇，钙化醇或称麦角钙化醇，ergocalciferol）与维生素 D_3（胆钙骨化醇，cholecalciferol）是最重要的维生素 D。维生素 D_2 与维生素 D_3 结构相似、功能相同，主要区别于两者的来源不同，维生素 D_2 来源于植物，大多数植物中含有微量的麦角固醇，植物叶曝露于日光后形成维生素 D_2，维生素 D_3 来源于动物，人与动物皮肤中的 7- 脱氢胆固醇经日光（或紫外线）照射后即可转变成维生素 D_3，然后运往肝、肾转化为具有生物活性的形式，再发挥其重要生理功能。

食物中维生素 D 的含量比其他任何一种维生素的含量都少，其食物来源以动物肝脏、禽蛋、乳制品、鱼肝油为主，其中尤以鱼肝油中维生素 D 的含量最为丰富，而在蔬菜、谷物和水果中，维生素 D 的含量则比较少。维生素 D_3 含量最丰富的食物为鱼肝油、动物肝脏和蛋黄，牛奶与其他食物中维生素 D_3 的含量较少。维生素 D_2 来自植物性食品。一般来说，人只要能经常接触阳光，在一般膳食条件下，不会造成维生素 D 缺乏。以牛奶为主食的婴儿，应适当补充鱼肝油，并经常接受日光照晒，有利于生长发育。

维生素 D 是调节人体钙、磷代谢的重要物质，促进小肠对钙和磷的吸收与利用，促进钙化，使骨骼和牙齿正常生长。如果缺乏维生素 D，儿童可引起佝偻病，成年人则会引起软骨病，特别是孕妇和哺乳期妇女更易发生骨软化症。

维生素 D 与机体内钙、磷代谢密切相关，维生素 D 缺乏时，人体吸收钙磷能力下降，血中钙磷水平较低，钙磷不能在骨组织上沉积，成骨作用受阻，甚至骨盐再溶解，故当维生素D缺乏时，儿童发生佝偻病，成人出现骨软化症和骨质疏松症。佝偻病常在婴幼儿中发生，因骨骼的软骨连接处及骨骼部位增大，临床上可见到方颅、肋骨串珠、鸡胸。由于骨质软化，承受较大压力的骨骼部分发生弯曲变形，如脊柱弯曲、下肢弯曲，还可发生囟门闭合迟缓，胸腹之间形成哈里逊沟。如血钙明显下降，出现手足搐搦、惊厥等症状，常见于缺乏维生素D的婴儿，亦称为婴儿手足搐搦症。若成人缺乏维生素D，可使成熟的骨骼脱钙而发生骨质软化症和骨质疏松症，妊娠与授乳期妇女最易发生，好发部位为骨盆与下肢，再逐渐波及脊柱和其他部位。

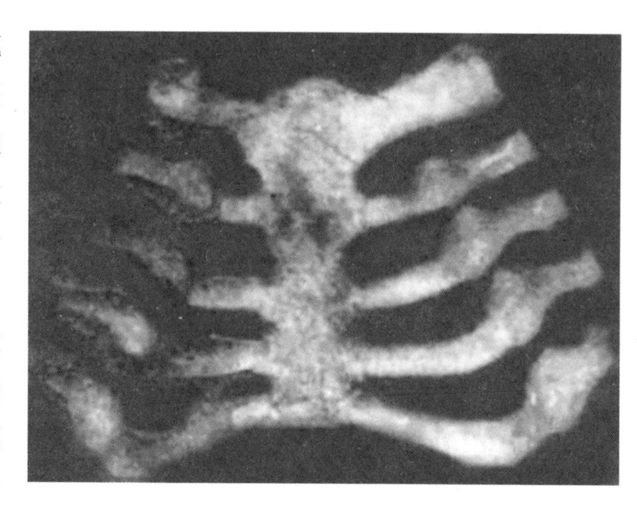

▲ 病人X光片（肋骨串珠）

佝偻病是一种常见于婴幼儿的营养不良性疾病，主要由于维生素D不足，而使钙、磷在体内的代谢不正常，骨骼不能正常钙化而发生病变。常表现为头枕部一圈常常脱发，头颅成方形，胸廓下部肋下骨外翻，甚至出现腿弯畸形，胸廓变形，脊柱弯曲。走路、说话、会坐也比正常孩子晚。2岁以下的小儿易患此病，其中1岁以下的婴儿更多见。因为年龄小的孩子长得特别快，如1岁时的身高平均比初生时长高 25 厘米，第二年平均长高 10 厘米，以后每年增长 4~7.5 厘米，而骨骼生长需要维生素 D。2 岁以下小儿户外活动较少，尤其在冬季。这样接受阳光紫外线照射的机会就少。如果家长不注意给孩子补充维生素 D，就容易得佝偻病。

佝偻病主要是由于缺乏维生素 D 造成的，单靠补充钙不能预防佝偻病。奶类含维生素 D 不高，一般给以奶为主食的婴儿应适量增加鱼肝油。如果条件许可，天气暖和，可以抱孩子到户外，使其皮肤接受阳光直接照射，因为人体内 7- 脱氢胆固醇在紫外线作用下亦可转变成维生素 D，隔着玻璃、纱窗及树荫下晒太阳无效。在补充维生素 D 的同时，还应注意供给充足的钙。2 岁以后的儿童，随着户外活动的增加，发生佝偻病的机会也相应减少。

若摄入大剂量维生素 D 制剂或浓缩鱼肝油丸，则极易发生维生素 D 中毒症。维生素 D 中毒症状为食欲下降、恶心、呕吐、腹泻、头痛、多尿和烦渴。慢性中毒病例则体重减轻、皮肤苍白、便秘或腹泻、骨化过度、钙在软组织中大量存积，并出现肾功能减退、高血压等症状，继而造成心血管异常，甚至肾钙化、心脏和大动脉钙化而导致死亡。孕妇摄入维生素 D 过多，会引起自发性血钙过多或血钙过多综合征，婴儿往往会出现动脉硬化、精神发育迟缓和肾酸中毒等症状。一般从饮食中摄入维生素 D 极少引起问题，因此，摄取维生素 D 制剂应该在医生指导下，以防止维生素 D 摄入过多而中毒。

由于日光照射皮肤可产生维生素D，应从外界适当补充日光照射量。在整个生命过程中，钙磷代谢保持动态平衡，骨骼不断进行重建，成人需要维生素D约为5微克。孕妇、乳母、儿童与青少年及老年人均为10微克。宇航员得不到日光照射1~3个月之久时，应每天补充维生素D或25（OH）D310微克，以维持血浆25（OH）D_{310}微克的正常水平。

（郭　强）

知识链接

佝偻病的诱因有哪些

日照不足：皮肤内7-脱氢胆固醇需经波长为296~310 nm的紫外线照射始能转化为维生素D_3，因紫外线不能通过玻璃窗，故婴幼儿缺乏户外活动即导致内源性维生素D生成不足；大城市中高大建筑可阻挡日光照射，大气污染如烟雾、尘埃亦会吸收部分紫外线；冬季日照短、紫外线较弱，容易造成维生素D缺乏。

摄入不足：天然食物中含维生素D较少，不能满足需要；乳类含维生素D量甚少，虽然人乳中钙磷比例适宜（2∶1），有利于钙的吸收，但母乳喂养儿若缺少户外活动，或不及时补充鱼肝油、蛋黄、肝泥等富含维生素

D的辅食，亦易患佝偻病。

生长过速：早产儿或双胎婴儿体内贮存的维生素D不足，且出生后生长速度快，需要维生素D多，易发生维生素D缺乏性佝偻病。生长迟缓的婴儿发生佝偻病者较少。

疾病因素：多数胃肠道或肝胆疾病会影响维生素D的吸收，如婴儿肝炎综合征、先天性胆管狭窄或闭锁、脂肪泻、胰腺炎、慢性腹泻等；严重肝、肾损害亦可致维生素D羟化障碍、生成量不足而引起佝偻病。

药物影响：长期服用抗惊厥药物可使体内维生素D不足，如苯妥英钠、苯巴比妥等可提高肝细胞微粒体氧化酶系统的活性，使维生素D和25（OH）D加速分解为无活性的代谢产物；糖皮质激素会对抗维生素D转运钙的作用。

维生素 C 与坏血病

维生素 C 又称为抗坏血酸（Ascorbic acid），易溶于水，不易溶于乙醇，不溶于脂类溶剂。维生素 C 在干燥及无光线条件下比较稳定，在酸性水溶液（pH < 4）中较为稳定，在中性及碱性溶液中易被破坏，在有氧化酶及铜、铁等重金属离子存在时，更易被氧化分解，加热或受光照射也可使维生素 C 分解。此外，植物组织中尚含有抗坏血酸氧化酶，能催化抗坏血酸氧化分解，失去活性，所以蔬菜和水果贮存过久，其中维生素 C 可遭到破坏而使其营养价值降低。新鲜水果及蔬菜中的天然维生素 C 能保留一段时间，因为这些食物本身存在着有机酸和抗氧化剂。食物中的维生素 C 有还原型与脱氢型之分，两者可通过氧化还原互变，同具生物活性。

大多数动物能够利用葡萄糖合成维生素 C，但是人类、灵长类动物和豚鼠由于体内缺少合成维生素 C 的酶，不能合成维生素 C，而必须依赖食物供给。食物中的维生素 C 可迅速自胃肠道吸收，吸收后的维生素 C 广泛分布于机体各组织，以肾上腺中含量最高。但是维生素 C 在体内贮存甚少，必须经常由食物供给。

维生素 C 具有广泛的生理作用，除了防治坏血病外，临床上还有许多应用，从感冒到癌症，维生素 C 是应用最多的一种维生素。但是其作用机制有些还不是十分清楚，从使用的剂量来看，有越来越大的趋势，已超出了维生素的概念，作为保健药物使用了。

食物中的维生素 C 主要存在于新鲜的蔬菜、水果中，人体自身不能合成。水果中的鲜枣、橘子、山楂、柠檬等含有丰富的维生素 C，蔬菜中以绿叶蔬菜、青椒、番茄、大白菜等含量较多。根茎类蔬菜，如马铃薯等虽然维生素 C 的含量不高，但由于日常饮食中消耗量较大，所以也是很好的食物来源。谷类及豆类食物中几乎不含维生素 C，但是豆类经过发芽后也可产生一定量的维生素 C。黄瓜、白菜等含有较多的抗坏血酸氧化酶，会加速对抗坏血酸的破坏。我国北方地区新鲜水果蔬菜比南方少，故维生素 C 缺乏病较之南方更为多见。

新鲜蔬菜中维生素 C 较多，在烹调与储存过程中容易损失，新鲜土豆维生素 C 含量较多，如果储存 4 个月，仅剩 1/2，绿叶蔬菜更易损失，菠菜储存 2 日后，损失 2/3。我国的烹调方法，其保存率在 50%~70%，其酯类衍生物比较稳定，维生素 C 磷酸酯为水溶性者在中性及碱性溶液中稳定，不会被 Cu^{2+}、Fe^{2+} 等离子所破坏，甚至在烘烤过程中也不会被破坏，又无毒性，具有与维生素 C 相同的生物活性，可作为强化食品用。

维生素 C 能够促进胶原蛋白的合成，使伤口迅速愈合；阻断亚硝胺在体内形成，具有防癌和抗癌作用；将血浆铁蛋白中三价铁还原为二价铁，促进人体对铁的吸收，有治疗贫血的作用；具有预防感染及增强机体的免疫力、防治坏血病、保护细胞膜的功效。维生素 C 还是极有效的抗氧化剂，能够保护细胞不被自由基破坏、抑制血液中胆固醇被氧化、降低胆固醇、预防高血压和动脉硬化，有效预防心脏病。

坏血病主要由于食物中缺乏维生素 C 而致病。人工喂养的婴儿及成人食物中长期缺乏新鲜水果和蔬菜，易患此病。

坏血病的主要临床表现为，早期有倦怠、食欲不振、烦躁或抑郁，随后出现毛囊角化、齿龈炎和广泛出血症状。毛囊角化多见于前臂、腹部及大腿部，形成角栓，毛发卷于毛囊内，称为螺旋状毛发，皮肤亦干燥，类似维生素 A 缺乏病；齿龈炎表现为齿龈肿胀、发红、出血，牙齿松动，可因牙龈萎缩，牙槽坏死而脱落，常伴有口臭；皮肤出现淤点或淤斑，开始在毛囊周围，后波及大腿和小腿处，在撞击和受压处易发生带状或点状淤点或淤斑。如有创伤，其伤口愈合缓慢，常伴有继发感染和出血。关节出血可形成血肿，鼻衄、便血、月经过多。还能影响骨骼正常钙化，出现伤口愈合不良，抵抗力低下，肿瘤扩散等。

本病的治疗方法是多食新鲜水果和绿叶蔬菜，补充维生素C。因为维生素C是一种水溶性维生素，性质不稳定，在储存、烹调中易被破坏，食用时以新鲜、未加工的生菜为宜，亦可直接食用维生素C，轻者100~500毫克/日，重者600~900毫克/日，感染时剂量应增加，分3次在饭前或吃饭时服用。症状明显好转时，减至50~100毫克，1日3次口服。吸收困难者可肌内注射或静脉滴注。

维生素C以药片方式补充的效果比从膳食中摄取者的效果要差一些，组织中维生素C浓度要小一些。由于组织对维生素C摄取量有限，多次服用的效果比一次口服同样剂量的效果要好。骤然大剂量停服，体内代谢仍停留在高水平，会较快地将储存量用光。所以若欲停服维生素C或减低剂量时，应当逐渐减少，使机体有适应过程。

我国提出的维生素C供给量为：成人60毫克/天，少年男女60毫克/天，1~3岁分别为30、35、40毫克/天，5~7岁为45毫克/天，10岁为50毫克/天，孕妇则需在成人供给量的基础上增加20毫克，而乳母则需增加40毫克。有人认为吸烟者维生素C的需要量应再增加正常需要量的50%。在寒冷与高温以及应急条件下，如进行外科手术的病人，其维生素C的需要量也要增加。此外，老年人适当补充维生素C也是有益的。

（郭　强）

不可缺少的微量元素

人体是由40多种元素构成的，根据元素在体内含量不同，可将体内元素分为两类：其一为常量元素，占体重的99.9%，包括碳、氢、氧、磷、硫、钙、钾、镁、钠、氯等10种，它们构成机体组织，并在体内起电解质作用；其二为微量元素，占体重的0.05%左右，包括铁、铜、锌、铬、钴、锰、镍、锡、硅、硒、钼、碘、氟、钒等14种，绝大多数为金属元素。这些微量元素在体内含量虽然微乎其微，含量占人体总重量万分之一以下，每日需要量在100毫克以下，但却能起到重要的生理作用。在体内一般结合成化合物或络合物，广泛分布于各组织中，含量较恒定。微量元素主要来自食物，动物性食物含量较高，种类也较植物性食物多。如果某种元素供给不足，就会发生该种元素缺乏症；如果某种微量元素摄入过多，也可发生中毒。

微量元素在体内的作用是多种多样的，主要通过形成结合蛋白、酶、激素和维生素等发挥作用。微量元素的生理作用主要有以下方面：

参与构成酶活性中心或辅酶：人体内有一半以上的酶其活性部位含有微量元素。有些酶需要一种以上的微量元素才能发挥最大活性。有些金属离子构成酶的辅基。如细胞色素氧化酶中有 Fe^{2+}，谷胱甘肽过氧化物酶（GSH-Px）为含硒酶。因此微量元素常作为酶的组成成分或激活剂。

参与体内物质运输：如铁是红细胞色素的重要组成部分，血红素中的铁是氧的携带者，它把氧带到每个组织、器官的细胞中去，供应代谢的需要。缺了铁，红细胞的功能就无法实现。碳酸酐酶含锌，参与二氧化碳的输送。

参与激素和维生素的形成：因为某些微量元素是激素的成分和重要的活性部分，缺少这些微量元素，就不能合成这样的激素。如碘是甲状腺素合成的必需成分，钴是维生素 B_{12} 的组成成分等。

影响免疫系统的功能，影响生长及发育：锌能增强免疫功能；硒能刺激抗体的生成，增强机体的抵抗力。

在遗传方面的作用：根据体外实验，一些微量元素可影响核酸代谢，核酸是遗传信息的载体，它含有浓度相当高的微量元素，如铬、钴、铜、锌、镍、钒等。这些元素对核酸的结构、功能和脱氧核糖核酸（DNA）的复制都有影响。

不论必需微量元素缺乏或过多，有害微量元素接触、吸收、贮积过多或干扰了必需微量元素的生理功能和营养作用，都会引起一定的生理及生物化学过程的紊乱而发生疾病。反之，在各种疾病情况下，会对微量元素的吸收、运输、利用、储存和排泄产生一定的影响。

微量元素缺乏可导致某些地方病的发生。例如缺碘与地方性甲状腺肿及呆小病有关；低硒与克山病和大骨节病有关；缺锌与伊朗乡村病和肠原性肢端皮炎有关。

接触或吸收过量的有害微量元素还可引起种种职业病，即使是必需微量元素，像铁、铜、钴、锰等进入机体过多也会引起急性或慢性中毒。例如铁过剩的血色沉着病（hemochromatosis），由于铁吸收过多，在心、胰腺、睾丸、肝内沉积，导致纤维化，造成心肌损害、糖尿病、性腺功能不全及肝硬化。先天性铜代谢异常的Wilson病是由于转运铜的铜蓝蛋白生成减少，使过剩的铜在脑的基底核和肝中沉积，出现神经症状及肝硬化。钴过多可造成心脏病、甲状腺功能异常、听觉障碍等；锰过多可导致中枢神经障碍、运动失调；锡过多可造成呕吐、腹泻、腹痛及肝脏损伤；汞中毒时发生“水俣病”；镉

▼ 缺碘引起的甲状腺肿

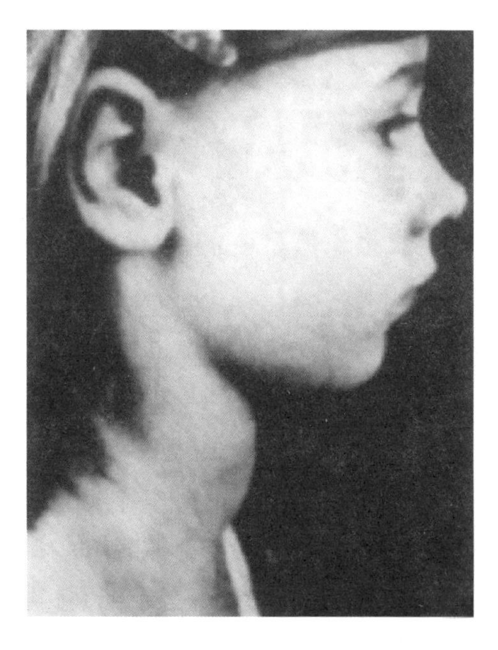

中毒造成疼痛、肾损伤及骨折的“疼痛病”；砷过多引起砷性皮肤癌及中毒；锌过多可引起发热。

微量元素的检测还可用作某些疾病的诊断指标，对于某些微量元素缺乏症还可用补充微量元素的方法进行治疗。

引起人体微量元素缺乏的因素很多，大体可归纳如下：

膳食和饮水中供应的微量元素不足。这主要发生于当土壤和水中缺乏某些微量元素（如碘、氟、硒等），因而造成粮食、蔬菜等食物和饮水也缺乏这些元素所致。如我国克山病流行地区居民的缺硒即属于此类。另外，食物越是精致，其所含的微量元素就越少，也可造成膳食微量元素供应不足。微量元素不足亦见于摄食缺乏该元素的配方膳（如婴儿和病人）。

膳食中微量元素的利用率降低。如有的地区，人们膳食中的维生素和植酸含量很高，从而影响锌的吸收与利用，以致发生侏儒症——一种锌缺乏病。又如胃肠道吸收不良时，也可影响膳食中微量元素的吸收与利用。

需要量增加。微量元素摄入量虽能满足正常需要，但需要量因某种情况而增加时，亦可发生微量元素缺少，如迅速生长、妊娠、授乳、出汗过多以及创伤、烧伤与手术等。

遗传性缺陷病。例如以 X 链隐性遗传的 Menke 卷发综合征能使人体铜代谢异常。又如一种遗传性家族疾病——肠润性皮炎亦显示出严重的锌缺乏症状。

因各种食品含微量元素多少不同，为预防微量元素缺乏，应吃多种食物做成的混合食物，不能偏食、挑食。

（郭　强）

知识链接

微量元素的补充

缺钙：宜多吃花生、菠菜、大豆、鱼、海带、骨头汤、核桃、虾、海藻等食物。

缺铜：宜多吃糙米、芝麻、柿子、动物肝脏、猪肉、蛤蜊、菠菜、大豆等食物。

缺碘：宜多吃海带、紫菜、海鱼、海虾等。

缺磷：宜多吃蛋黄、南瓜子、葡萄、谷类、花生、虾、栗子、杏等。

缺锌：宜多食粗面粉、豆腐等大豆制品、牛肉、羊肉、鱼、瘦肉、花生、芝麻、奶制品、可可等食物。

缺锰：宜多食粗面粉、大豆、胡桃、扁豆、香菜等。

缺铁：宜多食芝麻、黑木耳、黄花菜、动物肝脏、油菜、蘑菇等。

缺镁：宜多食香蕉、香菜、小麦、菠萝、花生、杏仁、扁豆、蜂蜜等。

生长激素

生长激素（growth hormone，GH；somatotropin，STH）是腺垂体嗜酸细胞分泌的，由 191 个氨基酸残基组成的直链肽类激素。释放入血液中的 GH 不与血浆蛋白结合，以游离形式输送到各靶组织发挥作用。GH 的生理作用最主要的是对成年前长骨生长的促进。现已明确，这一作用是通过生长调节素（so-matomedin，SM）的介导，促进硫酸掺入到骨骺软骨中，及尿嘧啶核苷、胸腺嘧啶核苷分别掺入软骨细胞 RNA 或 DNA 中，加速 RNA、DNA 及蛋白黏多糖合成及软骨细胞分裂增殖，使骨骺板增厚，身材得以长高。GH 亦参与代谢调节，主要表现为与生长相适应的蛋白质同化作用，产生正氮平衡；促进体脂水解，血游离脂肪酸升高；对糖代谢则可促进肝糖原分解，升高血糖。此外，GH 对维持正常的性发育也有重要作用。

GH 的分泌主要受下丘脑 GHRH 和 GHIH 的控制。除 GH 和 SM 可反馈性调节 GHRH 和 GHIH 释放外，剧烈运动、精氨酸等氨基酸、多巴胺、中枢肾上腺素受体激动剂等，可通过作用于下丘脑、垂体或下丘脑以外的中枢神经系统，促进 GH 的分泌。正常情况下，随机体生长发育阶段不同而有不同的 GH 水平。而每日生长激素的分泌存在昼夜节律性波动，分泌主要在熟睡后 1 小时左右（睡眠脑电图时相 3 或 4 期）呈脉冲式进行。

生长激素功能紊乱是指生长激素缺乏或分泌过度。生长激素缺乏症（growth hormone deficiency）又称垂体性侏儒症（pituitary dwarfism），是由于下丘脑–垂体 -GH-SM 中任一过程受损而产生的儿童及青少年生长发育障碍。按病因可分为：原因不明，但可能在胚胎发育或围产期下丘脑损伤，致 GHRH 合成、分泌不足，或垂体损伤产生的特发性 GH 缺乏症，约占 70%，大多伴有其他垂体激素缺乏症；遗传性 GH 缺乏症，以不同的遗传方式所致的单一性 GH 缺乏为多见，极少数病人也表现为包括 GH 在内的多种垂体激素缺乏症。近年还发现有少数病人表现为遗传性 SM 生成障碍，其 GH 反而增多；继发性 GH 缺乏症，由于下丘脑、垂体及周围组织的后天性病变或损伤，如肿瘤压迫、感染、外伤、手术切除等，致 GH 分泌不足。

GH 缺乏症的突出临床表现为生长发育迟缓，身材矮小，但大多匀称，骨龄至少落后 2 年以上。若未伴甲状腺功能减退，则智力一般正常，有别于呆小症。此外性发育迟缓，特别是伴有促性腺激素缺乏者尤显。患儿大多血糖偏低，若伴促肾上腺皮质激素缺乏者更显著，婴幼儿甚至可出现低血糖抽搐、昏迷。

生长激素缺乏，需经过严格的内分泌检查，如垂体刺激试验，经过多次抽血观察生长激素域值的变化，方可确诊。对垂体性侏儒、特发性矮小这些生长激素缺乏者用生长激素治疗后可获得令人振奋的生长速度。对于宫内生长迟缓所致出生低体重儿，生长激素可帮助其加速生长。对体质性生长迟缓即男性 11~13 岁，女性 10~12 岁尚未见到第二性征发育者用生长激素治疗亦可达到满意增高效果。此外，对大面积烧伤和大手术后用生长激素治疗有促进蛋白质合成作用，促进康复。对严重营养不良、先天呆小病亦有调节生长作用。生长激素治疗效果取决于开始治疗时的年龄、基础身高、骨龄以及营养和遗传因素等，通常年龄小的优于年龄大的，尤其是骨龄，10 岁前治疗优于 10 岁后，有的年龄不到 10 岁，但因应用了一些不正规的甚至是不合理的“增高”治疗，使骨龄相应大于其身高应有的年龄，用生长激素治疗效果就差于骨龄落后者。

GH 过度分泌可致巨人症（gigantism）和肢端肥大症（acromegaly）。若起病于生长发育期，表现为前者，而在成人阶段起病，则表现为后者。巨人症多可继续发展为肢端肥大症，病因大多为垂体腺瘤、癌或 GH 分泌细胞增生而致，也有少数系可分泌 GHRH 或 GH 的垂体外肿瘤产生的异源性 GHRH 或 GH 综合征，包括胰腺瘤、胰岛细胞癌、肠及支气管类癌等。单纯巨人症以身材异常高大、肌肉发达、性早熟为突出表现。同时存在高基础代谢率、血糖升高、糖耐量降低、尿糖等实验室检查改变。但生长至最高峰后，各器官功能逐渐出现衰老样减退。肢端肥大症者由于生长发育已停止，GH 的促骨细胞增殖作用表现为骨周增长，产生肢端肥大和特殊的面部表现，及包括外周内分泌腺在内的广泛性内脏肥大。亦有高血糖、尿糖、糖耐量降低、高脂血症、高血清钙等实验室检查改变。粥样动脉硬化及心衰常为本病死因。病情发展至高峰后，亦转入同巨人症一样的衰退期。

▲ 生长激素分泌异常引起的疾病

（蒋正刚）

贫　血

贫血是指外周血中单位容积内血红蛋白（Hb）浓度、红细胞（RBC）计数及/或红细胞压积（HCT）低于相同年龄、性别和地区的正常标准。一般认为在平原地区，成年男性 Hb < 120 克/升、RBC < 4.5×10^{12}/升及/或 HCT < 42%，女性 Hb < 110 克/升、RBC < 4.0×10^{12}/升及/或 HCT < 37% 就可诊断为贫血。其中以 Hb 浓度降低最为重要，因为在小细胞贫血或大细胞贫血时红细胞计数与血红蛋白比值均不成比例。婴儿、儿童及妊娠妇女的血红蛋白浓度较成人低。久居海拔高地区居民的血红蛋白正常值较海平面居民的为高。

根据贫血的发病原因和机制分类，贫血主要可以分为三大类：

一是红细胞生成减少。人类红细胞生成始于胎儿 40

天，在经过肝脾造血期后，建立了永久性的骨髓造血。骨髓的造血活动起源于造血干细胞，造血干细胞可以复制并分化为祖细胞，在红细胞生成素的作用下分化为原始红细胞，并经过早幼红、中幼红、晚幼红和网织红细胞等阶段，最终分化为成熟的红细胞。

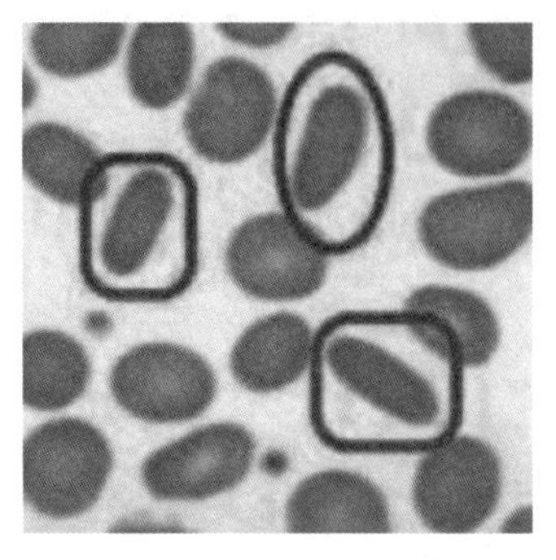

▲ 异常的红细胞

造血细胞的增殖过程必须在正常的造血微环境中进行，纤维样细胞、微循环和支配神经共同组成造血微环境，造血微环境的破坏如射线、重金属等因素可以导致造血细胞无法增殖。病变如发生在造血干细胞则可引起全血细胞减少，称为再生障碍性贫血；如发生在红细胞系祖细胞则发生纯红细胞再生障碍性贫血。

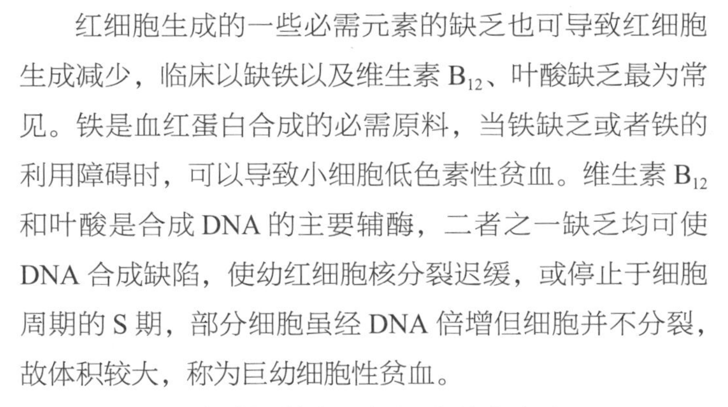

红细胞生成的一些必需元素的缺乏也可导致红细胞生成减少，临床以缺铁以及维生素 B_{12}、叶酸缺乏最为常见。铁是血红蛋白合成的必需原料，当铁缺乏或者铁的利用障碍时，可以导致小细胞低色素性贫血。维生素 B_{12} 和叶酸是合成 DNA 的主要辅酶，二者之一缺乏均可使 DNA 合成缺陷，使幼红细胞核分裂迟缓，或停止于细胞周期的 S 期，部分细胞虽经 DNA 倍增但细胞并不分裂，故体积较大，称为巨幼细胞性贫血。

二是红细胞破坏增多。红细胞的寿命为 120 天，即正常人每天约有 1/120 的红细胞被破坏，骨髓大约产生相当数量的红细胞，从而维持其平衡状态。当红细胞寿命缩短超过骨髓代偿能力时就会发生溶血性贫血。红细胞

▲ 正常的红细胞

膜异常，可使膜通透性增强而使细胞外液中的钠离子进入红细胞内，致细胞脆性增加。红细胞畸形，如球形红细胞增多症、椭圆形红细胞增多症等遗传因素导致红细胞可塑性降低，通过微血管时易发生破裂而溶血。

外源性的原因亦可导致红细胞寿命缩短，其中包括药物、生物毒素、感染、物理因素等。机体免疫功能障碍时可发生自身免疫性溶血性贫血。

三是失血。各种原因引起的急性或慢性失血都能引起贫血，每失血 100 毫升就可失去 50 毫克的铁，故慢性失血性贫血者常缺铁。

红细胞的主要功能是输送氧气，正常血液一克血红蛋白能携带 1.34 毫升氧，贫血的病理生理基础是血液携氧能力减低，组织缺氧。机体对缺氧进行代偿和适应机制如下：

心脏搏出量增加。贫血病人因红细胞减少，血液黏度减低和选择性的周围血管扩张，周围血管阻力减低，心率加速，循环速度加快，以防止对机体供氧量减少，心脏排血量增加，形成了“高排低阻”现象。

增加组织的灌注。贫血时血液供应重新分配，供血减少区域为皮肤组织和肾脏，故皮肤苍白，对缺氧敏感的心肌、脑和肌肉供血量增加。

肺的代偿机能。贫血时呼吸加快、加深、呼吸增强，这并不能得到更多的氧，这可能是对组织缺氧的一种反应。

红细胞生成亢进。贫血病人除再生障碍性贫血外，几乎都有红细胞生成亢进，且红细胞生成素的产生也增加，一般红细胞生成素的释放与红细胞数量和血红蛋白浓度成反比。

氧解离曲线右移。在缓慢发生的贫血、红细胞内 2，3 二磷酸甘油酸（2，3-DPG）的合成增加，2，3-DPG 有与脱氧血红蛋白结合的能力，使血红蛋白与氧的亲和力减低，促进 HbO_2 解离曲线右移，使组织在氧分压降低的情况下能摄取更多的氧。

Bohr 效应。贫血时缺氧引起肌肉和其他组织无氧糖酵解，致乳酸产生堆积，因组织酸中毒，血红蛋白与氧的亲和力降低，氧的释放增多，结果使组织供氧改善。

（蒋正刚）

头发为什么会变白

为什么头发会变白，至今仍是一个谜。即使知道头发变白的结构，也无法清楚地了解其变白的原因。

头发之所以是黑色的，原因在于它含有黑色素。黑色素存在于动物的皮肤和体毛等处，是形成茶色和黑色的原料。含有这种黑色素的细胞一边从血管吸收营养，一边直接顶出头皮而制造出头发来，因此看上去是黑色的。人的毛发分毛干和毛根两个部分，毛干露在头皮之外，毛根则深埋头皮之内。毛根末端膨大似球形故名“毛球”，其内聚集大量毛母细胞。决定头发颜色的重要因素是毛干内含黑色素颗粒的多少，而这些颗粒是由毛发根部膨大的毛球内的毛母色素细胞所制造的。老年人由于毛母色素细胞活力减低，而丧失了分泌黑色素的功能，于是长出的头发内因为缺乏黑色素颗粒而成白发。

近来还发现在毛母色素细胞内有一种直接影响黑色素颗粒合成和积聚的化学催化剂叫作酪氨酸酶。老人身上这种酶的含量明显减少，导致头发中黑色素颗粒生产障碍而出现白发。

在以往的认识中，人们一度认为头发不再产生黑色素细胞是导致头发变白的主要原因，但是这种观点始终无法解释一种现象，那就是为什么随着人类年龄的增长，在黑色素细胞衰老的情况下，人类的头发会变白，而同样由黑色素细胞决定的肤色却终生不变呢？

研究发现，即使是在已经变白的头发中，其实80%以上仍然含有黑色素，但是生长白发的发囊就完全没有或者只有极低的黑色素制造能力了。这就说明黑色素细胞本身并不由头发产生，而是存在于人类的皮肤中，含有这种黑色素的细胞在头皮的发囊里，一边从血管吸收营养，一边直接顶出头皮而制造出头发来，活跃的黑色素细胞因此进入头发，使得头发看起来是黑色的。

研究人员推断，头发变白的原因和制造黑色素细胞的活跃蛋白质因子有关。在通过一种名为免疫组织化学反应的试验之后，研究人员发现，在活跃的黑色素细胞中，无论是棕色头发的高加索人、黑色头发的亚洲人或者非洲人的头发中，都含有pMel-17，Mitf M，TRP-1，TRP-2等蛋白质。

通过进一步观察，研究人员还发现，其实TRP-2蛋白质并不存在于头发的黑色素中，但是无论是高加索人、亚洲人还是非洲人皮肤中的黑色素细胞里，却都含有

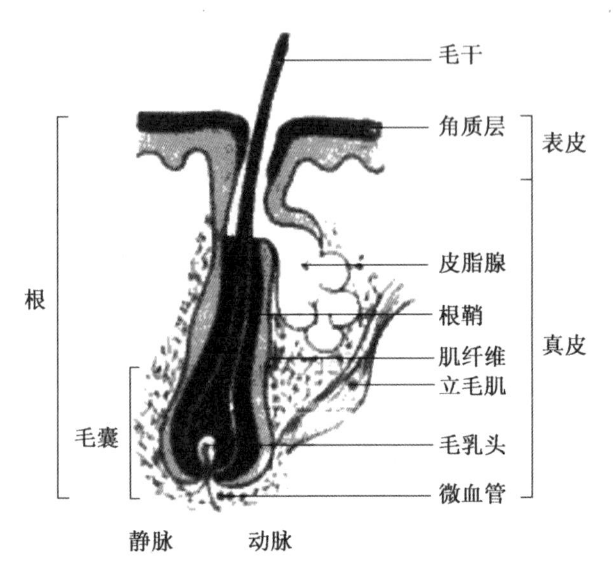

▲ 头发及头皮的结构示意图

TRP-2，这证明 TRP-2 蛋白质不是黑色素细胞中必要的一部分，不过与黑色素细胞的黑色合成有关，当面临 TRP-2 缺乏的时候，也许不会导致黑色素细胞消失，但是却会使得黑色素细胞失去合成黑色的能力。

也就是说，因为衰老而变白的头发，并不是因为失去了黑色素细胞，而是流入头发中的黑色素细胞不再具有 TRP-2 蛋白质帮助合成黑色，或者具有 TRP-2 蛋白质的黑色素细胞随着年龄增长在头发中消失了。

保持乌黑秀发关键是找到 TRP-2 蛋白质基因流失原因，从而控制黑色素的生成。

研究人员因此认为，如果希望保持一头乌黑的秀发，关键是破解 TRP-2 蛋白质基因密码，找到它们流失的原因，从而控制黑色素的生成。

同时这项研究也证明，仅仅是单纯的补充黑色素或者是补充 TRP-2 蛋白质，并不能真正地使得头发变黑或是继续保持黑色，最多只不过能起到染色的作用而已。

营养及微量元素与白发的关系最近几年也受到人们的注意。动物实验证明，长期喂饲缺乏维生素 B 族的食料，黑毛鼠就会变成灰白色。由于营养失调导致早衰的人，头发也会过早地变白。微量元素铜、钴、铁是黑色素颗粒的重要组成成分，老年人常因对铁吸收障碍或体内铜的缺乏而发生头发变白现象。祖国医学对老年人白发的成因也早有精辟的论述，古人指出，人体毛发的生长发育与肾气的盛衰关系密切。

（蒋正刚）

受精卵——生命的开始

生命的诞生是从精子和卵子结合成为一个受精卵这一辉煌的瞬间开始的。男子每次射精可有 2~5 毫升的精液排出，内含 2~5 亿个精子。精子如果生活在碱性环境中，则朝气蓬勃、充满活力。若生活在酸性环境中，则萎靡不振，活力大大下降，甚至死亡。由于女子阴道的酸性环境不利于精子生存，所以大部分精子在射精后不久就死亡，只有一小部分精子能够通过子

▼ 精子穿入卵细胞 1

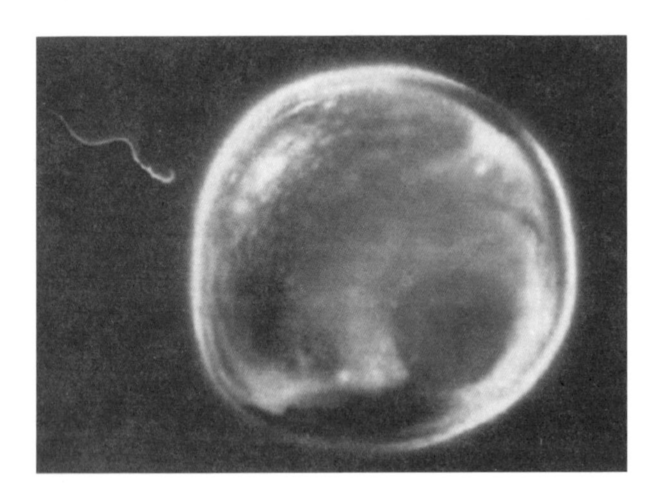

宫口进入子宫腔。大约经过 1~2 小时，这些精子到达输卵管外 1/3 处，与卵子相遇，精子在前进过程中，沿途要受到子宫颈黏液的阻挡和子宫腔内白细胞的吞噬，最后到达输卵管的仅有数十条至一二百条。精子在和卵子受精前还要在女性生殖腔内经过一段时间的孵育后，才具有受精能力，这个过程称为精子获能。精子在女性输卵管内能生存 1~3 天，卵子能生存 1 天左右，如在女子排卵日前后数天内性交，精子和卵子可能在输卵管壶腹部相遇，这时一群精子包围卵子，获能后的精子其头部分泌顶体酶，以溶解卵子周围的放射冠和透明带，为精子进入卵子开通道路，最终只有一条精子进入卵子，然后形成一个新的细胞，这个细胞称为受精卵或孕卵，这个过程称为受精。受精卵从输卵管分泌的液体中吸取营养和氧气，不断进行细胞分裂。与此同时，受精卵逐渐向宫腔方向移动，3~4 天后到达宫腔时已发育成为一个具有多个细胞的实体，形状像桑椹，所以称为桑椹胚。桑椹胚在子宫腔内继续细胞分裂形成胚胞，大约在受精后 6~8 天进入子宫内膜，这个过程称为着床或种植。着床后，由营养膜发达的绒毛组织产生了绒毛性促性腺激素荷尔蒙，接着，从周围的子宫内膜不断地吸收营养，并进行细胞分裂。

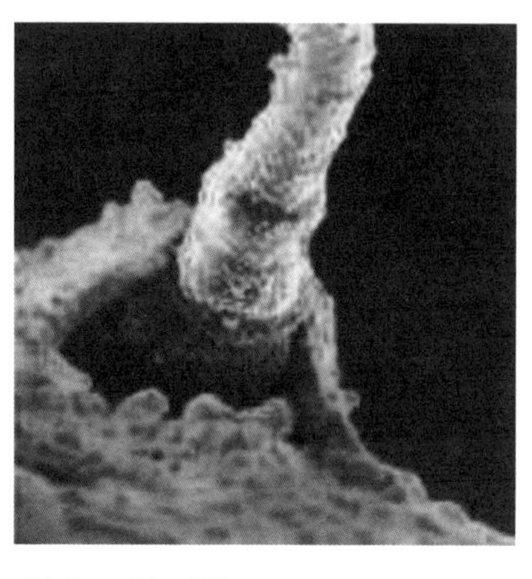

▲ 精子穿入卵细胞 2

细胞数目大致完成 150 个左右时，即将成为胎儿

（怀孕 10 周之后，即称为胎儿）的胚结节的细胞即产生分裂；到了受精后 5~6 日时即分为内胚叶、中胚叶、外胚叶等三细胞群，以担任将来各种不同的职责，并完成人体内的各种部分。这期间，围绕着将成胚子的胚盘，并在此时完成了羊膜、卵黄囊、羊水腔、胚外体腔等，而且内含液体。包藏这些东西的袋状物，即称为“胎囊”，直径约为 1~2 毫米大小。

另外，营养膜合胞体则位于外侧的营养膜细胞与着床部位的子宫内膜之间，这两种营养膜即在胎盘与胎儿之间形成了脐带，并由母体摄取酸素和营养。

受精后 3 周，胚盘即成胚子，并完成各种器官。这时胎囊的直径约 10 毫米以上，而且与日俱增。

受精后 23 日，此时胚子约 1~11 毫米，此外，即将成为心脏的血管，因收缩而开始搏动，同时将血液输送到全身各地。未形成心脏之前已开始移动，这样的现象，可从胎儿身上的各部位看出来。由胚盘形成胚子之后，最早形成的是中枢神经系统，而在受精后 5 周时（妊娠满 7 周），即完成了中枢神经系统。

接下来的 1 周，心脏已拥有 4 室，妊娠满 9 周（怀孕 3 个月）时，全身的器官（如头部、胸部、腹部、骨盆及其中的各内脏）、脸部、四肢等已形成。这时期称为胚子期、器官形成期。接着，这个新个体便逐渐完成人类必要的所有器官、机能。

卵子与精子在母亲体内完成受精时，经由复杂性细胞分裂过程，使染色体数目减少一半，成为 23 个染色体。当精子与卵子结合成为受精卵时，则再次拥有 46 个染色体。男女之间，因受精而引起的染色体组合，大致有 70 兆种，在这些组合之中，有一个即是受精卵，正因为如此，每位婴儿都各自拥有自己的个性。

（蒋正刚）

语言中枢

人类大脑皮质与动物的本质区别是能进行思维、意识等高级神经活动，并用语言进行表达。因此，人的大脑皮质还存在特有的语言中枢。

两侧大脑半球结构是对称的，但功能又不完全对称。左半球主管右侧肢体的感觉和运动，而右半球则主管左侧肢体的感觉和运动。一般的语言中枢位于左半球，对于惯用右手持筷、用剪的人，临床称为右利手者，他们的语言中枢在左半球，负责对语言材料的接受和加工，如果有了病变，就会出现各种失语。但也有少数人位于右半球，而且位于右半球的人总是左利手，但反过来却不一定：即对于惯用左手的左撇子，只有约 60% 的人的语言中枢主要在右半球，当右半球有病变时才会出现失语。如何解释这种不对称现象，到目前为止一直没有定论。儿童在 10~12 岁左侧优势建立，如果此时左侧损伤，还有可能在右侧建立，成年以后就很难在右侧半球建立语言中枢。因为语言中枢一般在左脑，左脑主要完成语言的、逻辑的、分析的、代数的思考认识和行为。失语是脑血管病的一个常见症状，主要表现是对语言的理解和表达能力丧失，是由于大脑皮层（优势半球）的语言中枢损伤所引起的，临床观察证明，90% 以上的失语症都是左侧大脑半球受损伤的结果。语言区包括说、听、读、写四个区。

第一个“说”区即运动性语言中枢，也称布罗卡区（Broca’s area），位于主侧半球的额下回后部（44、45 区）。这个中枢支配着人的说话，如果这个中枢损伤，会使病人丧失说话能力，不会说话。但能理解别人说话的意思，常用手势或点头来回答问题。根据病变的范围，可表现为完全性不能说话，称完全性失语。或只能讲单字、单词，说话不流利，称为不完全性失语，这种情况叫作运动性失语。说起布罗卡区的发现，还有这样一段故事呢。1860 年，巴黎的一所医院里，在布罗卡（Paul Broca）大夫那里住着一个被叫作“唐—唐先生”的病人。这个病人对别人对他说的话都能听懂，但无论听到什么，他都是含糊地回答：“唐—唐—唐”。当这个人死后，布罗卡经过解剖发现，他的脑的左半球额叶由于脑溢血造成了一块软伤。过了一年，医院里又来了这样一个病人。在他死后，布罗卡发现他的脑损伤部位与“唐—唐先生”相同。布罗卡于 1861 年发现了此中枢，

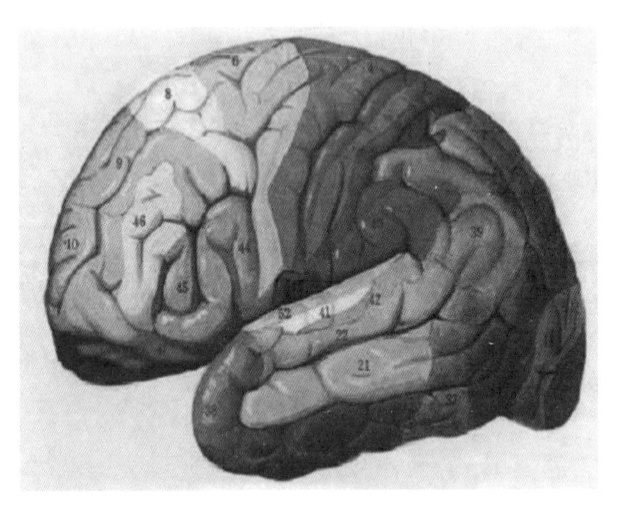

▲ 大脑皮层示意图

并以自己的名字命名。

“听”区即听觉性语言中枢，位于主侧半球颞上回后部（22 区），这是由魏尼克（Carl Wernicke）于 1874 年发现的。此中枢可以使人能够领悟别人说话的意思。这个中枢受损的人听到别人讲话，就像听到“叽里咕噜”的外国语一样，不能理解其中的意思；与别人谈话往往答非所问。但这种人语言运动中枢完好，仍会说话，而且有时说起话来快而流利，但所答非所问，这种情况叫感觉性失语。

“读”区即视觉性语言中枢，位于角回（39 区），靠近视区。此区受损时，病人视觉正常，但不能理解过去熟悉的文字符号，阅读发生障碍，眼看着字，却不知什么意思，称为“失读”，也属于感觉性失语症。

“写”区即书写中枢，位于额中回后部（8 区），靠近中央前回的上肢代表区。此区受损，病人虽然手的运动正常，但不能再正确地写字、绘画，称为失写症。

听觉性语言中枢和视觉性语言中枢之间没有明显的界限，有学者将它们均包含于魏尼克氏区（Wernicke's area）内，该区包括颞上回、颞中回后部以及缘上回和角回。Wernicke 区的损伤将产生严重的感觉性失语症。

需要指出的是，各语言中枢不是彼此孤立存在的，它们之间有着密切的联系。语言能力需要大脑皮质有关区域的协调配合才能完成。例如，听到别人问话后用口语回答，其过程可能是：首先听觉冲动传至听区，产生听觉；再由听区与 Wernicke 区联系，理解问话的意义；经过联络区的分析、综合，将信息传至运动性语言中枢，后者通过与头面部运动有关的皮质（中央前回下部）的联系，控制唇、舌、喉肌的运动而形成语言，并回答问题。

（龚燕萍）

你的智商有多高

智商就是 IQ（Intelligence Quotient 的简称）。通俗地可以理解为智力，是指数字、空间、逻辑、词汇、创造、记忆等能力。要测量智力，最简单的方法，当然就是测验，测验问题要很明显地体现以上能力的运用。现代心理学最早使用智力测验的是法国心理学家比奈。1904 年法国教育部部长邀请科学家与教育家组成了一个委员会，专门研究学校判断低能儿童的方法问题。比奈就是该委员会的成员，他与西蒙合作，于 1905 年发明了世界上第一个测量智力的量表，叫作可量的智力表。这些测验共 30 题，由浅入深，测试人的判断理解及逻辑等能力。这套测验，为当时的法国政府所采用，用来测试学童的智力，以找出那些智力较低者，为其提供特殊教育服务。1908 年，比奈与西蒙对这个智力量表做过一次订正与补充，1919 年又做了第二次订正。这个量表称作比奈—西蒙智力测量量表。比奈—西蒙智力测量量表很快被翻译成各国文字。在中国，20 世纪 20 年代初期有陆志韦订正的比奈—西蒙智力测验，廖世承、陈鹤琴合作的《智力测验法》。对智力测量的方法很多，通常有观察法、实验法、谈话法、个案调查法、作品分析法、智力测验法等。

智力年龄（Mental Age）是指某个年龄组别的孩子，平均而言所能达到的智力水平。比如，一个 8 岁的小孩子，他在智力测验中的表现，跟普通 10 岁的孩子一样好，我们就说，这个孩子智力年龄是 10 岁，虽然他的实际年龄只有 8 岁。1916 年，德国心理学家 Stern 提出一个智力商数，简称智商（Intelligence Quotient，简称 IQ），它是一种表示人的智力高低的数量指标。智商（IQ）=（智力年龄 / 生理年龄）×100%。生理年龄指的是儿童出生后的实际年龄，智力年龄或心理年龄是根据智力测量测出的年龄。如果一个小孩子的智力年龄与他的生理年龄一样，那么他的智力就是一般，如果他的智力年龄高于或低于他的生理年龄，则他的智力便是高于或低于一般水平。比如小孩的智力年龄是 10 岁，生理年龄 8 岁，故智商 =（10÷8）×100=125。智力年龄只能表示智力的绝对高低，不能表示不同生理年龄不同儿童的智力高低。例如，甲儿童生理年龄 5 岁，智力年龄 6 岁，而乙儿童生理年龄 10 岁，其智力年龄 11 岁，两个儿童的智力年龄都比自己的生理年龄大了 1 岁，这就很难比较他们两个人的智力的高低。而采用智商就能相对比较出他

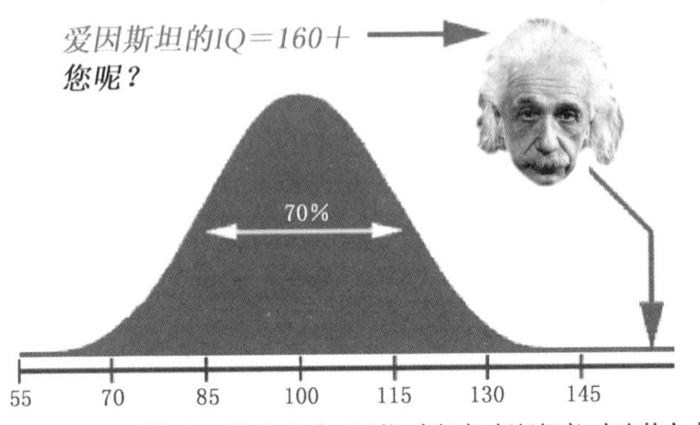

▲ 人类智商分布图。该图表示如果全世界的人们参加此IQ测试，大约有70%的人可获得85至115分之间的分数。而爱因斯坦拥有超过160的超常的智商水平。可见，“天才”与“迟钝”的人很少，绝大部分的人，都是一般智力

们智力水平的高低。甲儿童的智商为 5/6×100=120，乙儿童的智商等于 11/10×100=110。从甲乙儿童的智商我们可以认为，甲儿童智力水平比乙儿童的智力水平更高。

天才拥有高智商，而我们需要智商启蒙。在社会上既有天才型的作家或科学家，也有平凡型的工人或农民；既有儿时即锋芒毕露的聪慧少年，也有人至中年仍无成就的失望者。既然有各种不同类型的人存在，不同类型的人的智商肯定是不一致了。有的人认为那些作家或科学家的智商高于平凡的工人或农民，聪慧少年的智商高于那些一事无成的人，我们说这些看法都是不正确的，因为一个人的成就的大小并不是和他的智商的高低成比例的。另外，在人一生中的不同阶段，其智力水平显然是不一样的。

说到这里，大家也许想知道自己的智商到底多高，或是历史上那些有名的创作者或名人的智商是多少。现在略举历史上一些名人的智商为例，当然，这些智商值都是后人根据这些名人的行为和成就所做的假想评定，其中，富兰克林 160、伽利略 185、牛顿 190、笛卡

儿 210、康德 190、华盛顿 140、林肯 150、拿破仑 145、达·芬奇 185。由于智商公式比较简单，至今仍广为流传。但是这个概念本身还存在着一些缺陷，例如在 16 岁以前，一个人的实足年龄和智力年龄均在增长，用此公式测验人的智商比较合理，但在 16 岁以后，人的智力发展趋缓，智力年龄的发展逐渐慢于实足年龄的增长，这时再用上面推荐的公式来测量 16 岁以后的人的智商就不太准确了。

（龚燕萍）

复杂的大脑

现代神经科学的研究指出，所有行为都是脑功能的某些表现，思维、学习、智力也不例外。人的智慧、学问是人脑的功能，脑才是智慧的宫殿。只有脑才是人心灵的宝座、思维的高级器官。正如马克思的著名论断：人的心理、意识是高度组织起来的特殊物质——人脑的机能，人的心理就是人脑这块高级物质的活动。下面我们就来对心灵的宝座——人的大脑来一次参观。

脑位于颅腔内，由延髓、脑桥、中脑、小脑、间脑和大脑 6 大部分组成。由脊髓开始向上，依次是延髓、脑桥、小脑、中脑、间脑和大脑皮层半球。胼胝体是连接大脑两个半球的神经纤维组织。大脑由左、右大脑半球组成，它笼盖在间脑、中脑和小脑的上面。左、右半球之间有大脑纵裂，中间有连接两半球的横行纤维，称为胼胝体。大脑半球表面凹凸不平，布满深浅不同的沟，沟与沟之间的隆起称为大脑回。每个半球以几条主要沟为界分为不同的叶。这些叶在功能上各有分工。大脑半球表面被覆一层灰质，称为大脑皮质。大脑皮质由无数大小不等的神经细胞（神经元）和神经胶质细胞以及神经纤维构成。皮质的神经元和神经纤维均分层排列，神经元之间形成复杂的神经网络。由于它们联系的广泛性和复杂性，使皮质具有高度分析和综合的能力，构成了思维活动的物质基础。

由于大脑皮层很像一张揉皱了的大报纸，无疑这些皱褶就使得皮层表面看上去有无数或深或浅的沟，其中几条较深的沟把大脑皮层分为这样明显的四个区域，即额叶、顶叶、枕叶和颞叶。那么，在大脑皮层上被明显区分的几个区域是功能各异，还是作用完全一样呢？这个问题很快就被科学家们提了出来，这就是关于大脑的机能定位问题。

大脑的机能定位——躯体运动中枢：负责支配和调节我们身体的运动；躯体感觉中枢：我们身体各部位所产生的感觉都是由此产生；视觉中枢：此区受损，人将成为盲人；听觉中枢：此区受损，将使人变成聋子；运动性语言中枢（布罗卡区）：此区受损，说话会出现不同程度的障碍，甚至不能说话；听觉性语言中枢（魏尼克氏区）：这是由魏尼克于1874年发现的，此区受损，人听到别人讲话，就像听到“叽里咕噜”的外国语一样，不能理解其中的意思，与别人谈话往往答非所问；视觉

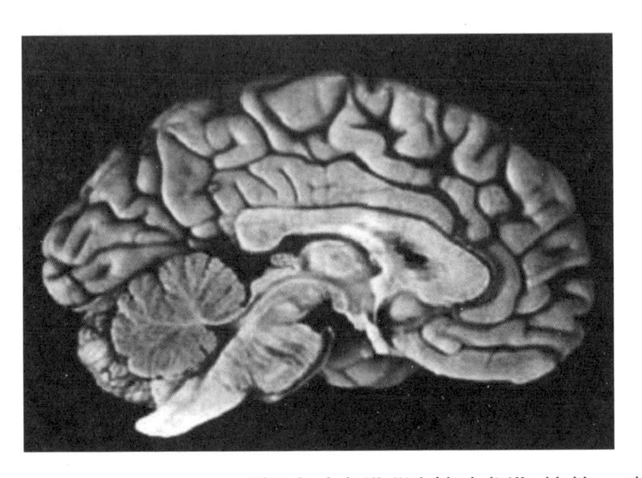
▲ 大脑的结构

性语言中枢：此区受损，病人不能理解过去熟悉的文字符号，阅读发生障碍，眼看着字，却不知什么意思；书写中枢：此区受损，病人不能再写字、绘画。此外，还在大脑皮层上找到了诸如“概念中枢”“计算中枢”等等。当然，大脑皮层的机能定位实际情况还要比这复杂得多，但这毕竟标志着人对大脑认识的进步。

大脑两半球的机能分工——人的大脑两半球的功能分布是不对称的。一般来说，我们人体的右半部由左半球控制，身体的左半部则由右半球调节，也就是说是交叉控制的。比如，曾有过这样一个画家，他脑的右半球因病损伤了，在他身上竟出现了这样一种现象：他画画时只画自己的半个脸。让他画个钟，他却只画了半个圆，12 个钟点全部挤在半个圆里。他穿衣只穿右侧衣袖，只穿右脚的鞋子、袜子，只刮右半脸的胡子。他吃饭也只吃桌上右半侧的，不吃盘子里左边食物。他甚至不承认自己左侧肢体的存在。人们都暗地里叫他“半个先生”，可见他的思维、行动产生了对左侧事物的残缺现象，这一残缺是由脑右半球的损伤造成的。不仅如此，人们在研究中还发现，大脑两半球的不同分工还表现为：人的语言能力、科学分析、数学思维、逻辑推理、右手书写等功能等较多地由左半球来支配；而空间知觉、音乐欣赏、跳舞、雕刻、幻想、左手触摸等功能，较多地由右半球支配。当然，作为正常人来说，在了解两半球分工的同时，不要忘了在两半球之间，还有约两亿条神经纤维组成的胼胝体沟通，使大脑两半球步调一致，形成一个灵活自如的统一体。否则，我们就要像裂脑人一样，使思维常常处于矛盾之中：他们有时用一只手把食物送到嘴边，又用另一只手拿回来；一只手把衣服穿上，另一只手又把衣服脱下来；一只手拖住亲人不让他走，另一只手又推开亲人，让他早些回去。这些不能自控的“自相矛盾”，让人是何等的痛苦啊！为此，我们要感谢大脑的通力合作。

总之，大脑是产生人的智慧的奇妙器官，却也是一个最难攻克的堡垒。但我们相信，它神秘的面纱一定能被揭去，隐藏在大脑深处的秘密也一定能被我们所认识。

（龚燕萍）

神经系统

神经系统（nervous system）是机体内起主导作用的系统。内、外环境的各种信息，由感受器接收后，通过周围神经传递到脑和脊髓的各级中枢进行整合，再经周围神经控制和调节机体各系统器官的活动，以维持机体与内、外界环境的相对平衡。

神经系统由脑、脊髓和它们所发出的很多神经组成，其主要功能是调节机体成为一个统一整体，进行各种生命活动以与外界环境相适应。神经系统在形态上和机能上都是完整的不可分割的整体，按其所在部位和功能，分为中枢神经系统和周围神经系统。中枢神经系统为脑（大脑、小脑、脑干）和脊髓组成；周围神经系统联络于中枢神经和其他各系统器官之间，由与脑相连的脑神经、与脊髓相连的脊神经（颈丛、臂丛、腰丛和骶丛）、植物神经（交感神经、副交感神经）组成。按其所支配的周围器官的性质可分为分布于体表和骨骼肌的躯体神经系和分布于内脏、心血管和腺体的内脏神经系。周围神经的主要成分是神经纤维。将来自外界或体内的各种刺激转变为神经信号向中枢内传递的纤维称为传入神经纤维，由这类纤维所构成的神经叫传入神经或感觉神经；向周围的靶组织传递中枢冲动的神经纤维称为传出神经纤维，由这类神经纤维所构成的神经称为传出神经或运动神经。分布于皮肤、骨骼肌、肌腱和关节等处，将这些部位所感受的外部或内部刺激传入中枢的纤维称为躯体感觉纤维。分布于内脏、心血管及腺体等处并将来自这些结构的感觉冲动传至中枢的纤维称为内脏感觉纤维。分布于骨骼肌并支配其运动的纤维叫躯体运动纤维。而支配平滑肌、心肌运动以及调控腺体分泌的神经纤维叫作内脏运动纤维，由它们所组成的神经叫植物性神经。

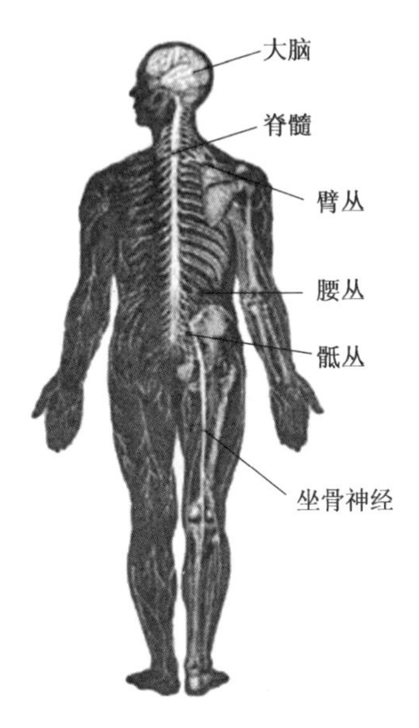

▲ 神经系统模式图

在功能上，大脑为调节人体生命活动的最高级中枢，主管感觉、运动、语言、视觉、听觉、思维、情感等。左、右大脑半球表层为灰质所覆，叫大脑皮质。人类的大脑皮质在长期的进化过程中高度发展，它不仅是人类各种机能活动的高级中枢，也是人类思维和意识活动的物质基础。小脑协调人体运动，维持躯体平衡，调节肌肉紧张度，协调随意运动。脑干为调节人体基本生命活动中枢，主管心跳、呼吸等生命活动，同时具有部分传导感觉和运动的功能。脊髓有传导功能。脑神经一是将光线、声音、气味等外界刺激传至大脑相应中枢产生视、听、嗅等各种感觉；二是支配面部表情肌活动、眼球活动、大部分腹腔内脏器官活动等。脊神经传导感觉和运动。植物神经支配各种内脏器官活动。

神经系统是由神经细胞（神经元）和神经胶质所组成。神经元（neuron）是一种高度特化的细胞，是神经系统的基本结构和功能单位，它具有感受刺激和传导兴奋的功能。神经元由胞体和突起两部分构成。神经元的突起根据形状和机能又分为树突（dendrite）和轴突（axon）。树突较短但分支较多，它接受冲动，并将冲动传至细胞体，各类神经元树突的数目多少不等，形态各异。每个神经元只发出一条轴突，长短不一，胞体发生出的冲动则沿轴突传出。根据神经元的功能，可分为感觉神经元、运动神经元和联络神经元。感觉神经元又称传入神经元，感觉神经元的周围突接受内外界环境的各种刺激，经胞体和中枢突将冲动传至中枢；运动神经元又叫传出神经元，它将冲动从中枢传至肌肉或腺体等效应器；联络神经元又称中间神经元，是位于感觉和运动神经元之间的神经元，起联络、整合等作用。神经胶质突起无树突、轴突之分，不具有传导冲动的功能。神经胶质对神经元起着支持、绝缘、营养和保护等作用，并参与构成血脑屏障。神经元间联系方式是互相接触，而不是细胞质的互相沟通。该接触部位的结构特化称为突触（synapse），通常是一个神经元的轴突与另一个神经元的树突或胞体借突触发生机能上的联系，神经冲动由一个神经元通过突触传递到另一个神经元。

神经系统在调节机体的活动中对内、外环境的刺激所作出的适当反应叫作反射（reflex）。反射是神经系统的基本活动方式。反射活动的形态学基础是反射弧，包括感受器→传入神经元（感觉神经元）→中枢→传出神经元（运动神经元）→效应器（肌肉、腺体）5 个部分。只有在反射弧完整的情况下，反射才能完成。

对于神经系统的自我保健，我们可以从以下方面做起。加强营养：蛋白质、维生素、无机盐等丰富的食物可促进大脑神经系统的发育及功能的完善；加强体育锻炼：特别是动作速度、耐力、灵活性、敏捷性和反应性运动可助神经系统功能的提高；合理安排作息制度：生活规律的节奏，劳逸结合巧安排，睡眠充足，习惯良好，有利于条件反射形成，提高学习工作效率，防止过度疲劳；注意用脑卫生，加强心理保健：良好的个性，健康的心理状态及科学的用脑方法可发挥大脑的最佳功能。

（龚燕萍）

数字人体

人体是一个极其复杂而又精密的统一整体，对于自己的身体，你又有多少了解呢？

成年男子的大脑平均重 1 424 克，到了老年萎缩到 1 395 克。男子大脑的重量纪录是 2 049 克，正常的、未萎缩的大脑最轻为 1 096 克。作为比较，9 米长的恐龙的大脑只有核桃大小，重 70 克。 大脑的重量大概是体重的 3%，可是大脑所消耗的氧约占吸入总量的 20%，消耗的热量约占摄入食物的 30%，循环的血液大约占 15%。如果把人的大脑皮层展开，捋平皱褶，可得到一张厚 3 毫米、面积为 90 × 60 平方厘米的“发面饼”。人的大脑有 140 多亿个神经细胞，不过经常处于兴奋状态的细胞只有十几亿个，每天能记录大约 8 600 万条信息。据统计，人的一生中，能平均记忆储存 100 亿条信息。人的神经系统的信号传递速度达到每小时288千米，到了老年，速度约减慢15%。

人体最大的器官是皮肤，成年男子的皮肤总面积大约为1.9平方米，成年女子大约为1.6平方米。一个体形较大的人，每小时脱掉大约86万粒皮肤颗粒，每50天左右全身的皮肤就会更新一次。一个活到70岁的人，他脱掉的皮屑有48千克，相当于本人体重的2/3。人体表面1平方厘米的皮肤上有100个左右疼痛的感觉点（痛点），13~15个冷的感觉点（冷点），1~2个热的感觉点（热点）。

人体骨骼的承重强度就像花岗岩一样，火柴盒般大小的骨头能够承重9吨，要比混凝土的强度大上3倍。成年人全身有206块骨头，其中有将近一半在四肢。最长的是股骨，约是人身长的1/4。最小的骨在耳朵里，叫听小骨，一共有3块，它们巧妙地连在一块，起着传递声音和保护鼓膜的作用，这3块小骨一共只有50毫克重。婴儿出生的时候有300块骨头，在童年时期有94块骨头逐渐融合。成年人的身体里大约有650块肌肉，有100多个关节。最小的肌肉也在耳朵里，长为1毫米多一点。

平均每人有20万根头发，每月约长1厘米左右。一个剃光头的人所留下的头发根，总长度有200米。一个人每天大约掉45根头发，多的可达60根。人一生中平均掉发150多万根。如果定期去理发店，一生中剃掉的头发会有9~10米长。

一个人心脏的大小和自己拳头的大小差不多，重 300 克左右，约占体重的二百分之一，通过总长约为 20 万千米的血管系统向全身输送血液。成年男人坐下休息的时候，每分钟平均脉搏达 70 次左右，成年女人每分钟达 80 次左右，剧烈运动的时候，脉搏能够增加到每分钟 200 次左右。人的一生心脏大约平均跳动 20 亿次以上，一共压送大约 2 亿升的血液。睡眠的时候成年人的心脏每小时能够压送 340 升左右的血液，每隔 7 分钟就可以灌满一辆普通汽车的汽油箱。心肌每天所做的功能把一辆普通汽车抬高 15 米。

人体肺里面一共有 3 000 亿条微血管，假如连接起来的话，总长度约为 2 400 千米。成年人的血液大约有 4.5 升，每分钟都要流经肺部一次，红血球全由骨髓来制造，每秒钟大约制造 120 万个，每个红血球的寿命大约为 100 到 120 天，它们的行程却有 1 600 千米。在人的一生里，骨髓所制造出来的红血球大约有半吨。孕妇的血液量会比平常增加 50%，约为 6.75 升，以防分娩的时候流血太多。

眼睛的聚集肌肉每天大约要活动 10 万次，假如下肢的肌肉也想做等量运动的话，每天就需要行走 80 千米。眼球里的视网膜覆盖着约为 650 平方毫米的面积，上面有 1.37 亿个光敏细胞，其中 1.3 亿个是对黑白十分敏感的视杆细胞，另外的 700 万个是对彩色十分敏感的视锥细胞。

胃酸强度能够将锌溶解，幸亏胃内的壁细胞再生能力很快，每分钟就能再生 50 万个细胞，每隔 3 天壁细胞就能全部更换，因此胃酸来不及将胃壁全部消化掉。

每个肾大约有一百万个肾小球，两个肾利用过滤器每分钟就能过滤大约 1.3 升的血液。过滤出来的废料就变成了尿液，每天大约排出 1.4 升尿液。

成年人的肠子，总长度约为本人身高的 4 倍；婴儿的肠子，长度约是他身高的 6 倍。

一个健康人，平均每天吸入的空气，可充满一个直径近 4 米的大气球。咽喉是人体最繁忙的通道，在人的一生中约有 40 吨食物和 38 万立方米空气通过。

成年人身体里约有 45 升水，大约占体重的 65%。人体里除了最主要的水以外，还有各类其他物质。体重约 70 千克的人体包含的化学成分有：碳 12 千克、氢 7 千克、钙 1 千克，还有少量的碘、钴、锰、铝、铬和银等。人体中，含有多种化学元素。一个人体内所含的石灰质能够粉刷一个小房间，含的碳可制作 9 000 支铅笔，含的磷可制 2 200 支火柴头，含的脂肪可制成 8 块普通肥皂，含的铁可制 1 枚 25 毫米长的铁钉。

女人一生可吃掉 25 吨食物，喝掉 3.7 万升液体。男人一生可吃掉 22 吨食物，喝掉 3.3 万升液体。女人一生吃得比男人要多些，是因为女人的平均寿命比男人要长。女人哭的次数是男人的 5 倍，结果她们的平均寿命比男人长 7 岁。

每晚睡觉以后，身高大约增高 8 毫米，第二天又缩回到原来的高度。由于白天站立或者坐着的时候重力使脊椎间的软骨盘如同海绵一样压缩，晚上睡觉的时候压力消失了，椎间软骨盘又重新膨胀起来。同理，太空人在长时间太空飞行以后，身高也会暂时增高约 5 厘米。

将两周岁幼儿的身高加上一倍，差不多相当于成年以后的身高。两周岁男孩的身高为成年时期身高的 49.5%，而两周岁女孩的身高为成年时期身高的 52.8%。

人体是一个极其复杂而又精密的整体，还有更多的奥秘等待我们去发现。

▶ 科学家们在不断探索生命的秘密

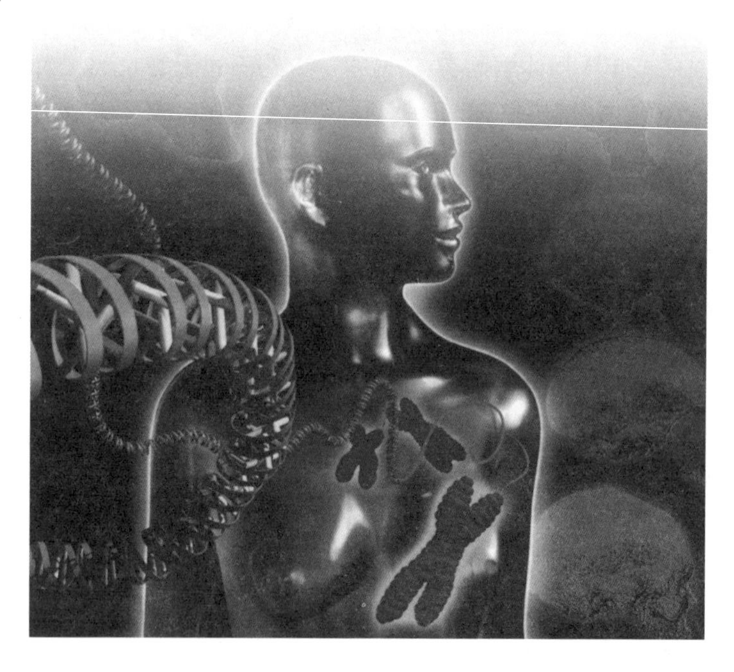

（高海峰）

细胞之旅

欢迎加入我们的旅行队伍，这次我们的游程为从一条血管开始逐渐接近细胞，以便有机会仔细观察某些细胞结构；然后由细胞胞吞作用进去，而由胞吐作用出来。其间，我们将利用局部的大规模运输系统，参加这个复杂系统的所有部分，并直接领略从外界进入细胞的物质在细胞内旅游的情趣。为此，希望大家先忍耐一下，我们要缩小 100 万倍，才能完成这一奇妙旅行。

由于我们将进入的是动物细胞，因此可能会看不到一些植物、微生物细胞所具有的特殊结构，有必要时我将做一些简要描述，以便对动植物细胞的区别有一些了解。在植物中，每个细胞都为自己准备了一个小房间，这种称为细胞壁的小房间由纤维素构成。尽管纤维素和淀粉一样完全由葡萄糖单体聚合而成，但由于结构上的差异，它却能耐受生物和化学降解，经纯化后，可作为棉花、纸张等的纤维成分。动物细胞没有细胞壁，因此在体外培养时要比植物细胞娇气得多。

我们先进入血管，以便有机会仔细观察细胞外部结构。伴随我们的首先是血细胞，它们大部分是两面凹进的圆盘，其中充满一种红宝石状的物质，这种细胞称为红细胞，或称红血球。它们把肺部的氧带到全身，并把废物 CO_2 带回肺部，这一功能是由其内部的红色载体——血红蛋白完成。在这儿也许要把蛋白质这一怪名词解释一下，因为它是一切生命过程中最基本的化学物质，它的主要功能是催化作用，如大名鼎鼎的“酶”主要成分就是蛋白质；蛋白质还有调节、运输、运动和许多其他活性，如血红蛋白就是起运输作用。对红细胞我们不再多观察，因为它们已退化并濒临死亡，它们没有线粒体，没有核糖体，甚至没有细胞核。

在动脉管愈来愈窄、血流力量开始耗尽时，我们可以瞥见一些排列在血管壁上的上皮细胞，它们宛如不规则的瓷砖铺面或铺道，其表面大部分很平坦，它们靠各种不同连接结合在一起，构成一层薄薄的连续的管状护套，作为血液和组织之间交换的重要过滤器和调节器。在我们不知如何撬开内皮细胞之间的缝隙离开血管时，一个白细胞帮了我们的忙。它紧紧地贴着内皮衬里，通过古怪的变形竭力挤过毛细管内皮。这其实是生物体的保护现象，如在细菌感染时，感染部位释放一些化学物质，驱使白细胞透过毛细管到达目的地，以清除和杀死细菌。我们正好可利用这一机会，进入组织。

▲ 细胞膜示意图

当我们进入细胞外空间，迎接我们的是一番令人畏惧的景象，似荒野丛林，连绵不断的密密麻麻的丝状缠结，好像藤本植物攀附于东倒西歪的高大树干之间。这些结构的主要成分是一种叫作胶原的物质，它也是一种蛋白质，对组成各种各样的结构起一定作用。在我们闯入细胞的道路上，还有一层微毛状的覆盖物阻拦，它们是多糖—蛋白质的复合物，靠着相当微弱的力和细胞膜相连，它们在细胞之间的信息传递中起一定作用。

终于接触到细胞表面了，其表面的剧烈震动和崎岖不平的状态让我们眩晕，到处是深沟裂谷，或坑状内陷，或突然出现“火山口”喷吐各种分泌产物，或内陷裂口把外界物质吸入细胞内部。这些都是在某些捉摸不定的化学信号作用下产生的活动。

尽管有这些变化，甚至是激烈扭曲，细胞始终保持完整性，这是由于有一层可塑性很高的薄膜封闭细胞才得以实现的。这种薄膜称为原生质膜或称质膜，它大约10 纳米厚，主要为双层磷脂分子和镶嵌于其中的蛋白质分子组成。磷脂分子有奇怪的脾气，它的头部是亲水的，而脚部却是疏水的，因此两层磷脂脚对脚分子头部朝外，以免脚被水打湿。蛋白质分子则镶嵌于这两层分子中。这种膜结构作为有效的屏障，使得细胞保留自己的成分，减少细胞外物质的渗透，而其上的蛋白质则如一艘艘小船，起到运输作用。质膜还有一个重要特征就是许多膜外侧蛋白质是糖蛋白，即含有多糖侧链的蛋白质。这些分子组成的各种结构，像林立的分子天线，覆盖在细胞表面，它们能捕获结构正好能与之相配的一些分子（如同锁和钥匙一般），因此也被称为受体。这种捕获、结合、吸入作用使细胞特异性地选择一些物质，也为我们制造靶向药物提供了靶子。

（高海峰）

人体的无用器官

达尔文在《人的由来》一书中就已经大致鉴别出十多个无用的人体器官，包括体毛、智牙和尾骨等。达尔文以尾骨区等身体多余器官证明人不是来自神，而是源于长着尾巴的动物。其实人体中的无用器官比达尔文所列的要多得多，其中有些是人类祖先所具有，但正在消失的残留物。比如在四肢行走和攀树时很有用的肌肉现在都以萎缩的状态存在人体中。有些是在人类性发育过程中固有自然物的副产品，比如，男性的乳头和潜藏在女性卵巢后方的退化器官——输精管。还有些器官已经明显地失去了功能，但还是顽固地长在人体上，它的继续存在就是因为还没有让它退出基因库的充分理由，试问不长小脚趾对人会有什么影响呢？

在达尔文逝世一百多年后的今天，科学家们仍不能完全解释这样的问题，即为什么一些解剖学特征仍保留在人类的基因库中，而另一些则消失殆尽？当代基因组研究揭示出人类的DNA中仍携带着一些基因碎片，它们对应于一些似乎还有用的器官，比如极其灵敏的气味受体和使自体能制造维生素C的酶等等，但这些器官在人体中的作用已经退化。

鼻窦对人类祖先非常重要，高度灵敏的嗅觉有助于生存，但如今这个空腔储存着带菌黏液给人们带来极大的麻烦，或许它能减轻脑袋重量，或给吸入的空气加温添湿？智齿，也称"尽头牙"，早期人类需要咀嚼大量的草根树叶，以获取足够的热卡值来维持生命，因此长出新的臼牙是有益的。一般人在18~22岁长出，也有人终生不长，大约5%的人能长出健康的第三臼牙。位于鼻中隔两侧的小凹陷内的犁鼻器官是失去功能的化学物质感受器，我们的祖先依靠这些感受器具有敏锐的感知信息素能力。当代人的犁鼻器官已经退化。

鸟类和哺乳动物的共同祖先都有一层保护眼睛的膜片，称为第三眼睑，它的作用是挡住或扫除尘屑。人类只在眼睛的内角落保留了细小的褶痕。由3块一组的肌肉构成的外附耳肌，使我们的祖先具有保持头不动而只动耳朵的能力，就像警觉的兔子和狗一样晃耳。至今我们仍保留了这组肌肉，这就是有些人能学会摆耳朵的原因。位于每只耳朵上方的皮肤小褶皱点——达尔文点，能在某些现代人身上找到，人类祖先耳朵上方具有较大的聚音结构，有助于汇聚远处的声音，现在的小褶皱点是其残留物。颈肋是一组颈部肋骨，它很可能源于爬行动物老化的残留物，现代人类中出现颈肋的概率为 1%，它时常造成神经压痛和动脉疾病。如果人类仍然用四肢行走，这块肌肉是有用的，它位于肩下第一根骨与锁骨之间，某些人有一块，少数人有两块，还有些人根本没有。

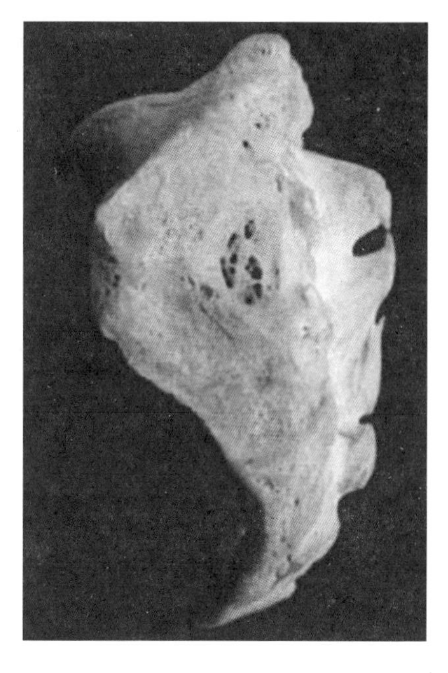

▲ 人尾骨图

掌肌是一条从肘延伸至腕的窄长肌肉，11% 的现代人群已失去了掌肌，它对于我们的祖先进行攀登和做挂树动作十分重要，外科医生常用掌肌做肌肉重建手术。男性乳头是在胎儿的雄性激素造成性别差异之前形成的输乳汁管道，男性具有乳房组织，在受刺激后，也能产生乳汁。竖肌是一束平滑的肌肉纤维，动物用这束肌肉来使自己的体毛膨胀起来达到隔热或恫吓其他动物的目的。现在人类的体毛如眉毛可帮助保护眼睛阻止汗液进入眼睛，雄性面部毛须有助于性选择，但其他绝大部分体毛都没有什么功能。

阑尾是附系在大肠上的狭长肌肉管道。在人类以植物为主的时代，阑尾起到消化植物纤维素的作用，它还可产生一些白血球。由于易于繁殖细菌而引发炎症，每年有 30 万美国人患阑尾炎。人类最接近的亲戚黑猩猩和大猩猩都有 1 根多出的肋骨——第 13 根肋骨，大多数人只有 12 对肋骨，但 8% 的成年人有多出的肋骨。蹠肌常常被医学院低年级学生误认为神经纤维，该肌肉对其他灵长类动物很有用，比如用脚抓树，有 9% 的人群失去了蹠肌。只有少数猿猴使用它们的全部脚趾来紧紧抓住树枝，而当人类直立行走时，主要是靠大脚趾来维持身体平衡，第 5 脚趾成为多余物。

子宫是女性具有的生殖器官。男性子宫是发育不全的女性生殖器官的残留物，其位置紧靠男性的前列腺。女性在对应于男性长出输精管的部位长出的是卵巢冠，它是一束毫无用处的盲孔细管，位置靠近卵巢。现代人中有多于 20% 的人失去了锥状肌，它是小块三角袋形肌肉，附着于骨上，很可能是有袋动物袋囊残留物。19 世纪解剖学家 G. 多克莱伦收藏的男性盆骨标本中尾骨清晰可见，尾骨由 3~5 个椎骨组成，有极少数的婴儿出世时长有尾巴。有学者认为尾骨有助于盆骨的稳定，但手术切除不会对健康产生影响。

（高海峰）

天赋智力

现代研究证明，旧石器时期的古人，比现代人块头要大，大约大出20%。6 500万年以前巨型动物消失了，地球生物进入了一个全新的竞争时期，体形和力气的大小再也不是进化的优势。相反，智力在进化中的地位越来越高。于是，一大批灵长类动物产生了，并且获得了更多的进化机会。古埃及一则古老的传说反映了这一思想：在灌木丛里，狮子经常与老鼠发生争执。一天，狮子对老鼠说："我的老鼠，你真是无知！你怎么竟敢同最强大的动物争吵呢？"老鼠说："我的狮子，你说的并不正确。强大在于智慧。我虽然是只小老鼠，却比你聪明，因此也比你强大。然而，最强大的动物是人，因为人最聪明。"

有人认为，对人类智慧发展起决定作用的是妇女，这种说法或许会令很多男士感到不安。如今，有一个备受争议的理论称，我们的女性祖先非常聪明，在选择配偶时更看重的是对方的大脑，而不是强壮的肌肉，她们倾心的是眼中闪烁着智慧光芒的男子。人类，特别是男士们，应该为此感激不尽，因为这些女性祖先们如果以貌取人的话，现在的男士们可能就没有这么聪明了。

这一大胆的设想是从哪里来的呢？它源于对智商的研究。男性和女性的平均智力是相当的。但仔细观察，你会发现，与女性比较起来，男性人群的智力有较广的分布范围——有更多智力低下的人，也有更多的天才。此外，母亲比父亲更有可能将其智力缺陷传给下一代。30 年前，美国明尼苏达州一家医院的研究人员罗伯特·莱赫克根据这样一些线索，提出许多与智力有关的基因都集中在 X 性染色体上的假说。

那么，X 性染色体中究竟存在什么秘密呢？最近，德国乌尔姆大学的遗传学研究小组正在通过科学实验来验证罗伯特的假说，他们认为 X 性染色体在智力进化中发挥了核心作用。通过优先选择智力，而不是力量和外表，女性祖先们最终促进了人类大脑的进化。

研究人员认为 X 性染色体在性别选择中起重要作用。人体内有 23 对染色体，其中有 22 对常染色体和 1 对性染色体。男性的性染色体为 X 性染色体和 Y 性染色体，女性的性染色体为两条 X 性染色体。遗传突变常常能促使一些新特性的产生，如果这些新特性能使个人获得更多的成功，并有利于将突变基因传下去，进化就发生了。

然而，大多数突变都是“隐性的”——当与正常基因配对时，并不发生作用。因此，常染色体上的基因突变很难显示出来，这些突变最终会被淘汰。X 性染色体上的突变却是另一种情况，即使是隐性的，它也会在所有男性中表现出来，因为 Y 性染色体上没有与之相应的基因来抑制它。女性对聪明男子的选择，使得女性那些显现智力缺陷的突变基因被聪明男性的 X 性染色体所抑制，这样一来，那些与智力缺陷有关的突变基因就逐步被淘汰了，人类就越来越聪明了。

根据上面这些理论，我们有理由在 X 性染色体上找到众多与智力有关的基因。研究人员在一个称为“联机孟德尔人类遗传”的数据库中寻找与智力损害有关的条目，他们总共发现了 958 条基因，其中 202 条在 X 性染色体上。但是，这些基因是否真的与智力有关呢？在 X 性染色体上，其中有 3 条基因参与调控鸟核苷酸酶蛋白的活动。美国冷泉港实验室的科学家发现，鸟核苷酸酶蛋白对大脑神经细胞末端的树枝状细胞质突起有影响，在神经末端形成的连接对学习和记忆至关重要。许多由 X 性染色体突变造成的智力迟钝的儿童，他们的神经树突网络都严重萎缩，这清楚地表明了大脑结构与认知能力之间的联系。更重要的是，这 3 条基因都属于那种一旦突变只导致智力迟钝而没有其他症状的类型，因此，研究者相信这 3 条基因与智力有关。澳大利亚的一位专家也同意这种看法，并指出在 X 性染色体上已经发现了 10 条这种类型的基因，但在常染色体上一条也没有。因此，与智力关系最密切的基因在X性染色体上更为常见。

那么，妇女们挑选聪明的男子作为丈夫的证据又在哪里呢？美国新墨西哥大学的进化生物学家米勒研究了男性为表现他们的聪明才智所做出的努力。他指出，如果不是为了使自己对异性更有吸引力，那么男性不会花费那么多的时间来写十四行诗、创作音乐和创造艺术品，因为这些对于生存没有明显的帮助。

但是，科学家也承认，人类的聪明的大脑并非完全是性别选择的结果，还是自然选择的结果。在原始社会，聪明的男性和女性可以更好地采摘浆果和猎取动物。智力除了产生吸引异性的优势外，也产生了明显的生存优势。

如果我们承认基因控制生物习性和智力，是否会导致遗传决定论呢？答案是否定的。因为环境对个人的复杂习性有着深刻的影响，外部生态环境对智力水平的发展是一种激励因素。不断改变的环境条件也许迫使我们的祖先更加依赖工具，这导致双手更加灵巧，反过来又促使人制造了更多复杂的工具。这样一步步深入下去，更聪明的大脑创造更复杂的文明，复杂的文明又使得大脑更加聪明。

此外，科学家们相信，尽管基因可以控制和影响我们的智力，但毫无疑问，我们能够超越遗传，这正是人类伟大之处。

你可以说自己遗传了家族的鼻子，没人会反对。但是要说智力也会遗传，人们会不以为然。如果说家族的遗传决定了你的智力高低，你很可能会被嗤之以鼻。

然而，这正是美国和芬兰的科学家最近得出的结论：基因在很大程度上影响着我们大脑某些部分的生长。而受基因影响最大的那部分恰好支配着我们的认知能力。也就是说，智商确实是遗传的。

▲ 小猩猩吃饭团

洛杉矶加州大学的保罗·汤普森说，这并不是说人的智力就是一成不变的，但它说明基因决定了智力水平的极限。神经学家说，这也许有助于我们着力研究大脑中对环境刺激反应最强烈的区域，也是最有可能使智力提高的部分。

汤普森和他的小组对 10 对同卵和 10 对异卵的双胞胎进行了研究。同卵的双胞胎基因完全相同，异卵双胞胎平均有半数基因相同。因为双胞胎一般都在差不多的环境下长大，因此这两组双胞胎的不同之处基本上可以归因于基因。

研究发现，大脑的某些区域确实是遗传的，其中包括语言区域以及前额区，这是与认知能力有很大关系的区域之一。同卵的双胞胎在这些区域有 95%~100% 的联系几乎完全相同。结果还显示，包括双胞胎的个人经历、他们认识的人和事物在内的环境因素对大脑这部分的形成影响很小。异卵双胞胎有类似的语言区，约有

60%~70% 的联系，但他们其他区域的类似较少。而随意的两个人绝不会有任何相似。

更有趣的是，不仅这部分智力区域会遗传，它还会影响人整体的智力水平。志愿者每人接受了一组评估 17 项能力的测试，包括文字和空间有效记忆、专注任务、文字知识和运动速度。这项研究可能最终帮助我们把教育集中于大脑最易受环境刺激的区域，如感官区域。

（高海峰）

探索生命逝去的秘密

对死亡，人们总是怀有强烈的好奇心。关于死亡的秘密，曾是神学家和神秘主义者所关注的范围，现在逐渐被视作科学研究的合法领域。在今天看来，急于解开生命之谜的科学家也正在探索死亡之谜。真的存在与大脑分离的“意识”吗？那是否只是人们的主观猜想？

最近，英国一批具有较高可信度的“濒死体验”学者发表了一篇被流行媒体盛赞为该领域首篇“具有科学性”的研究报告。报告称，他们似乎发现了一个与大脑分离的“意识”。

报告的作者之一、数家著名英国医学协会顾问、精神病学家彼得·芬威克说：“如果意识可以和大脑分离，那么我们就可以提出这样的问题：人死后意识是否会延续下去？此外，人是否有超自然的组成部分？我们的宇宙是否可以有发展目标、有存在意义，而非混乱无序？这些问题都值得我们深思。”

上述问题的答案各异。根据有关文献记载，典型的“濒死体验”来自严重的外伤，人的感觉是游离于现实之外进行了一次超自然“旅行”，随后进入一个特殊的世界，在那里他们有强烈的平静和愉悦感。与“濒死体验”密切相关并在这之前的感受是“出体体验”：脑死亡或心跳停止的病人通常认为自己是存在意识的“灵魂”，在手术室里从高处观察事物。

在谈到“出体体验”时，芬威克说，从医学角度看已经死亡并失去意识的病人“其实知道周围发生的事情，而且具体到每个细节，这表明，意识是可以与大脑分离的”。英国学者的报告是基于他们对一些严重心脏病病人的研究，这些病人都曾瞬间失去知觉，进入了医学上的死亡状态：呼吸和心跳停止、脑干不再工作。

科学家们面临的问题在于，他们想要研究的领域如同宗教皈依及其他精神和神秘的“觉悟”一样，主观性很强，难以适用冷静理性的研究方式。那些有过“濒死体验”的人通常也难以用语言来描述他们的经历，另外他们也害怕被别人认为精神错乱而不愿多讲。

迄今为止取得的数据还未能使我们断言，获得了关于“身后世界”的科学发现。这个领域还停留在推想阶段。

几乎任何一家书店关于这方面的书里都描述了这种

体验的极端性，例如《被光芒拥抱、拯救和改变》和《与光同在、在光之外》。据说35%~40%走近过死亡的病人都说他们有过“濒死体验”，他们的故事在书籍和媒体报道中屡见不鲜。

英国媒体所谓“首次”的说法并不确切——对于死亡后生命的科学研究实际上是数年前从美国开始的。总部设在纽约的“通灵学基金会”项目负责人、心理学家卡罗尔·阿尔瓦拉多撰写了有关这方面的大量著作，其中包括最近在《神经与精神疾病杂志》上发表的一篇文章。他说，研究这一现象的科学方法已有厚厚的历史记录，心理学家和精神病学家使用了各种本质上非常主观的研究方法——包括梦境、幻觉和思维过程分析等无法用物质手段衡量的方法。

这些科学实验是如何进行的呢？以一项研究为例：学者们对实验对象进行访谈，然后将他们所描述的感受与各人濒死状态下的氧气值联系起来，所得的数据从科学角度来说是非常有用的。但阿尔瓦拉多也承认，迄今为止取得的数据还未能使我们断言，取得了关于“身后世界”的科学发现。这个领域还停留在推想阶段，但它在不断发展。我们目前需要的是更为系统化和更大规模的研究。他指出，英国学者的研究规模还很小。

有过“濒死体验”的人共同的感受是正朝一团巨大的白色光移动，这一点已经得到了广泛承认。芬威克和他的同事们还列举了其他一些共同的感受：和平宁静、穿过一条隧道进入另一个世界、前方出现一种光并进入花园。有关这方面体验的各种描述有案可查、众口相传，其历史几乎可以追溯到人类社会的最初记载。

许多从死亡边缘回来的人相信，他们经历了一种“生命回顾”，另有人回忆说，感觉像是与一种宇宙智能或意识融为一体。这些幸存者们因为“被带回来”而感到愤怒和悲伤的例子也不鲜见。大多数幸存者对死亡不再恐惧，许多人丧失了对经济收入和其他一些世俗的“成功”生活方式的兴趣。另有许多人从此对他人充满博大的爱心，并确信他们对于死后的世界有不一般的了解。“濒死体验”使大多数身临其境者的生活发生了极大变化，并且是非常积极的变化。一个有过“濒死体验”的人认为，想把这些经历上升到理性科学的高度简直是浪费时间。

在对“濒死体验”的调查中，最有意思的发现是医生、精神病专家、心理学家和其他一些参与研究的人员常常从理性的科学研究者转变成为某种精神和宇宙信息的传播者。譬如，梅尔文·莫尔斯就认为“濒死体验”与脑中的“上帝信息接收点”有关，两者的结合可使人进入无限的宇宙世界。曾是彻底的怀疑主义者的莫尔斯现在被公认为是该领域处于领先地位的研究者之一。一个有过“濒死体验”的孩子面对莫尔斯的疑虑说出了这样的话：“别担心，莫尔斯博士，天堂很好玩！”这句话让他开始用另一种观点来看待这个问题。

医学与哲学双料博士、数本畅销书作者雷蒙德·穆迪被认为在20世纪70年代首创了“濒死体验”一词，他被称为是“投身这一研究领域的首位医学专业人士”。而大多数参与“濒死体验”研究的学者认为，肯尼思·林教授在引导这一领域从边缘学科走向主流科学方面起了关键作用。林曾撰写过《光的启示》等书，并以一丝不苟、科学系统的研究著称。在此基础上，他还尝试着超越传统科学的范畴。他写道，当我们死去的时候，我们就将第二次诞生，这个过程可能比第一次还要艰难；我们离开已知世界前往超出我们感知能力的另一个世界。在那里，我们最终会发现“活着”的全部含义，心中充满超越快乐的喜悦之情。他是该领域一个主要研究机构“国际濒死体验研究协会”的创始人。

▲ 天堂与耶稣

“炼狱”和“幽灵”等阴暗形象，通常来源于体验者对于罪恶、恐惧及惩罚等的心理预期。也有相当一部分学者反对用虚无缥缈的理论解释“濒死体验”，其中最著名的为西英格兰大学心理学高级讲师苏珊·布莱克莫尔，在她撰写的《垂死生存》一书中，她比较推崇这样一种解释：具有“濒死体验”的人之所以叙述极为相近是因为氧气枯竭引起的生理反应。她将所谓的“人死后的生命”称之为建立在信仰基础上的“幻觉”，在物理学、生物学和心理学上都找不到证据。至于这种经历对人的改变，布莱克莫尔说，曾接近死亡又最终活下来的人往往会变得越来越无私、对他人越来越关心。她说：“我们都是生物有机体，以一种令人着迷的方式进化，并无目的性可言，脑子里也没有一个目标。”

所有有过“濒死体验”的人都曾经历了一场愉快的历险，回来后感到温暖，回想起来又觉得虚无缥缈吗？《基督教研究杂志》数年前对描述这些经验“阴暗面”的书进行了调查。调查报告称，一些有“濒死体验”的人其实感觉“糟透了”“很恐怖”，幸存者往往会掩盖这些痛苦的回忆。有一本书的标题就很能说明问题：《超越黑暗：我濒临死亡地狱边缘的体验》，作者安吉尔·费尼莫尔讲述了自己自杀未遂的体验。

长期研究“濒死体验”的作家阿特沃特自己曾有过那种体验，并对其他人的经历进行过仔细的研究。他说，约有 15% 的成人和 3% 的儿童感到进入了“恐怖的空间、荒凉的地狱边境或可怕的炼狱”，有时还能感觉到过去的“幽灵”。

如何才能把科学方法应用于这一学科呢？英国研究报告的作者之一芬威克认为，以后的研究应当这样进行：在手术室里设置秘密目标，只有从天花板上才能看到，这是大部分“濒死体验”的有利位置，然后研究人员再要求幸存者描述他们看到了什么。

（高海峰）

克隆技术

地球史上最伟大，最偶然的奇迹，莫过于生命的出现与演化。人类自诞生以来，就一直在探索生命的真谛。

地球上已知的现存生物有 3 000 多万种，其中已被人类定名的有 100 多万种动物和 40 多万种植物。这些由细胞组成的生物大都遵循有性生殖、繁衍种群的法则。动物依靠两性交合，植物通过花粉授精。哺乳动物（包括人类）都是由一个受精卵发育而成的，而一些低等动物（如草履虫）和一些植物（如绿藻）通过无性繁殖的方式延续种群，哺乳动物有性繁殖的自然法则亘古未变。正因如此，当 1997 年 2 月 27 日，英国权威的《自然》杂志报道英国科学家利用克隆技术，也就是无性繁殖技术首次成功地克隆出一只绵羊——多利时，全世界都惊奇地瞪大了眼睛。人们不仅惊奇于过去鲜为人知的克隆技术一下从密闭的实验室走向了公众视野，而且更惊奇于向来受制于自然法则的生殖过程，竟能被人类随心所欲地控制。

克隆是英文 Clone 的音译，简单讲就是一种人工诱导的无性繁殖方式，但克隆与无性繁殖是不同的。无性繁殖是指不经过雌雄两性生殖细胞的结合，只由一个生物体产生后代的生殖方式，常见的有孢子生殖、出芽生殖和分裂生殖。由植物的根、茎、叶等经过压条、扦插或嫁接等方式产生新个体也叫无性繁殖。绵羊、猴子和牛等动物没有人工操作是不能进行无性繁殖的。科学家把人工遗传操作动、植物的繁殖过程叫克隆，这门生物技术叫克隆技术。

克隆技术的设想是由德国胚胎学家于 1938 年首次提出的。1952 年，科学家首先用青蛙开展克隆实验，之后不断有人利用各种动物进行克隆技术研究。由于该项技术几乎没有取得进展，研究工作在 20 世纪 80 年代初期一度进入低谷。后来，有人用哺乳动物胚胎细胞进行克隆取得成功。1996 年 7 月 5 日，英国罗斯林研究所的科学家伊恩·维尔穆特博士用成年羊体细胞克隆出“多利”，给克隆技术研究带来了重大突破，它突破了以往只能用胚胎细胞进行动物克隆的技术难关，首次实现了用体细胞进行动物克隆的目标，实现了更高意义上的动物复制。

克隆的最大优势在于能百分之百复制亲本的所有性状。因此克隆技术为解决目前在基础医学、医药和畜牧业生产等领域棘手的难题，为保护地球生物的多样性，开辟了一条独特的路径。

很多吞噬人类健康的顽疾之所以久攻不克，是因为它只露出一副狰狞的面目而隐匿了神秘的身世。科学家们设想，把体细胞中可能与疾病有关“嫌疑”的基因导入实验动物基因中，然后克隆出一批转基因的实验动物，由于人与动物的疾病发生机制有很多相似之处，如果导入的嫌疑基因在动物身上发病，就证明那一基因是肇事元凶，反之就排除嫌疑。这样人类就可以找到一把斩断病魔恶爪的利剑。

从血液中提取蛋白药物，成本高，价格昂贵，而且有些血液制品中可能隐匿有令人闻之色变的病毒，这使人们在使用这些药物时疑虑重重，甚至草木皆兵。如果大量克隆具有特殊药用价值的基因动物，就可以利用这种动物的血液和乳汁，生产具有特殊效用的蛋白药物。

培养一个优良畜种，需要数代杂交选种，而且变异和退化时常威胁品质的稳定，致使研究人员数年辛劳前功尽弃，付诸东流。利用体细胞克隆技术，这一世纪难题就迎刃而解。比如用一头高产奶牛作供体，就可以克隆出十头、百头、千头、万头……同样高产的奶牛。当然，这得保证饲养条件与供体大致相同。

每年都有些物种成为我们这个星球永远的过客。大熊猫、金丝猴等濒危物种低沉的呜咽和孤单的身影，时时牵动着世界的神经。克隆技术无疑为珍稀动物子嗣繁盛带来了福音，也为人类保护地球的生物多样性提供了技术的可能。

克隆技术的诱人前景现今还只显露出一角。目前同种动物的体细胞克隆的重复性实验还有待完善，应用也非一朝一夕。今后不同种动物的克隆将是更大胆、更重要的一个研究方向。比如把羊的体细胞核与牛的卵细胞杂合，再把这个重构胚胎植入马的子宫孕育。但这些都有大量悬而未决的理论和技术问题等待科学家们去探索。

并不是所有的人都欢迎克隆技术的突破。因为像许多科学技术一样，克隆技术也是一把双刃剑。人们担心本来要走进这一扇门，结果却走进了那扇不情愿进的门。

这是因为克隆技术也可能带来负面影响：一些克隆动物在遗传上是全等的，一种特定病毒或其他疾病的感染，将会带来灾难；如果无计划克隆动物，会扰乱物种的进化规律，干扰性别比例，这种对生物界的人为控制

▼ 细胞取自同一供体的 3 头克隆牛

会带来许多意想不到的危害。但只要采取相应的研究对策，制订科学的克隆计划，这种负效应就可以避免。

至于克隆人，这是一个没有意义的研究课题。当代生物史证明，克隆技术只能复制出外貌特征相同的生物，不能克隆出被复制者原有的才能。人的思想才能受后天的制约。所以，即使有人能克隆出酷似历史上的伟大领袖、伟大科学家那样的人物，也仅在外貌上相同，却缺乏伟大领袖、伟大科学家那样的思想、气质、才能，试问这样的克隆具有什么意义？至于有人主张克隆人以取得人体器官，用于医学上人体器官的移植，这也是不可行的。因为克隆出来的人首先是一个公民，他享有人权，如果克隆人不肯捐赠器官，发明者也不能侵犯人权。至于克隆无头的人，那也是不现实的，因为克隆人要生存，首先要吃饭，要思维，没有头颅是不可能的，我们总不能培植一个无头的植物人吧？而且，最重要的是克隆人不符合世情国情，当今世界人口急剧膨胀，不少国家已实行计划生育，控制人口增长，在这种情况下怎么能斥巨资做违背社会发展规律的事呢？

此外克隆人将对人类社会的政治、宗教、法律、伦理道德提出挑战，将给现在人类社会的生活方式、家庭结构、婚恋方式带来不可预料的冲击，因此世界各国都宣布克隆人为不受欢迎的人，并为克隆人研究设置了一个个不得逾越的雷区。

对克隆人体保持高度警觉的举措会帮助消除公众的疑虑，但如果把一项将极大改善人类未来生活质量的技术打入冷宫，一笔勾销科学家们呕心沥血的成果，将是对人类自信和智慧的亵渎，大多数人也意识到不能因噎废食，泼脏水连同婴儿一起倒掉。

有关克隆技术的公众讨论，还将会在各个层面延续下去，但科学不会就此驻足不前。

值得我们欣慰和骄傲的是，面对克隆，人类表现得比以往任何时候都成熟、理性和远见。如果克隆技术真是上帝放在人类面前的又一只潘多拉魔盒，那么人类将满怀自信地伸出两手，一只手叫智慧或灵性，它让克隆技术为我所用，造福世界；另一只手叫理性，它将控制和防止克隆技术走向反面。

（杨秀利）

“多利”是怎样被造出来的

“多利”出生于1996年7月5日，它是世界上首次利用体细胞克隆成功的动物，1997年2月23日英国《自然》杂志发表了一篇题为《从哺乳类的胚胎和成年细胞所得出的健康下一代》的论文，宣布了英国罗斯林研究所维尔穆特教授等和PPL医疗公司合作用绵羊体细胞克隆成功多利的消息，多利的大名一夜间就传遍了世界各地。

多利的供体细胞来自一只6岁大的正处于妊娠期的芬·多塞特品种白绵羊的乳腺细胞，受体卵子取自一只苏格兰黑脸羊，代孕母亲是另一只苏格兰黑脸羊。多利的问世，标志着克隆技术突破了利用胚胎细胞进行核移植的传统方式，它掀开了生物克隆史上崭新的一页。

克隆技术经历了三个发展时期：

第一个时期是微生物克隆，即由一个细菌复制出成千上万个和它一模一样的细菌而变成一个细菌群。

第二个时期是生物技术克隆，如DNA克隆。

第三个时期就是动物克隆，即由一个细胞克隆成一个动物。

▲“多利”羊

在自然界，有不少植物具有先天的克隆本能，如番薯、马铃薯、玫瑰等插枝繁殖的植物。而动物的克隆技术，则经历了由胚胎细胞到体细胞的发展过程。早在20世纪50年代，美国的科学家以两栖动物和鱼类作研究对象，首创了细胞核移植技术，他们研究细胞发育分化的潜能问题，细胞质和细胞核的相互作用问题。1986年英国科学家魏拉德森首次把胚胎细胞利用细胞核移植法克隆出一只羊，以后又有人相继克隆出牛、羊、鼠、兔、猴等动物。我国的克隆技术也颇有成就，20世纪80年代末，我国克隆出一只兔；1991年西北农业大学发育研究所与江苏农学院克隆羊成功；1993年中科院发育生物研究所与扬州大学农学院共同克隆出一批山羊；1995年华南师大和广西农大合作克隆出牛；接着中国农科院畜牧研究所于1996年克隆牛获得成功。美国克隆猴取得成功，日本科学家也声称他们繁殖出200多头“克隆牛”。以上所述的克隆动物，都是用胚胎细胞作为供体细胞进行细胞核移植而获得成功的。而多利的克隆方法与上述这些不同。它突破了以往只能用胚胎细胞进行动物克隆的技术难关，首次实现了用体细胞进行动物克隆的目标，实现了更高意义上的动物复制。

整个克隆过程如下：科学家们选择了三只母羊A、B、C，先用药物促使母羊A排卵，然后将这只未受精卵的全部染色体吸空，使之成为一个具有活性但无遗传物质的“卵空壳”，接着他们从母羊B——一只6龄绵羊的乳腺中取出一个普通细胞，通过电流刺激作用，使乳腺细胞的细胞核与“卵空壳”结合成一个含有新的遗传物质的卵细胞，这个卵细胞在试管中发育成胚胎后，再将其植入母羊C的子宫。

1996年7月，多利在科学家们忐忑等待的心情中降临世间。3只母羊对它都有生养之恩，但只有母羊B——那只为它提供了细胞核的6龄绵羊——才是她的真正“生母”。多利继承了它的全部DNA遗传基因，换句话说，多利是母羊B百分之百的复制品。

小羊多利是世界上第一个利用体细胞克隆成功的动物。克隆多利的成功，从理论上说明了高度分化细胞，经过一定手段处理之后，也可回复到受精卵时期的合子功能；说明了在发育过程中，细胞质对异源的细胞核的发育有调控作用。这只非凡的绵羊被它的创造者以人们喜爱的英国乡村歌手多利命名，它的身世的确旷古未有，它有三个母亲，却没有一个父亲。

并不是所有的克隆动物都必须有与多利一样多的“母亲”。雌性动物克隆自身的话，材料完全可以自给自足。雄性动物就稍稍麻烦点，造物主没有赐给它一个卵巢，也没有赐给它作为孕育新生命摇篮的子宫。克隆的基本过程是先将含有遗传物质的供体细胞核移植到去除了细胞核的卵细胞中，利用微电流刺激等使两者融合为一体，然后促使这一新细胞分裂繁殖发育成胚胎，当胚胎发育到一定程度后（罗斯林研究所克隆羊采用的时间约为 6 天）再被植入动物子宫中使动物怀孕，便可产下与提供细胞者基因相同的动物。在这一过程中，如果对供体细胞进行基因改造，无性繁殖的动物后代基因就会发生相同的变化。培育成功三代克隆鼠的“火奴鲁鲁技术”与克隆“多利”羊技术的主要区别在于克隆过程中的遗传物质不经过培养液的培养，而是直接用物理方法注入卵细胞，通过化学刺激法代替电刺激法来重新对卵细胞进行控制。

（杨秀利）

揭示生命的奥秘——基因工程与克隆技术

目前世界上许多国家将生物技术、信息技术和新材料技术作为三大重中之重技术，而生物技术可以分为传统生物技术、工业生物发酵技术和现代生物技术。现在人们常说的生物技术实际上就是现代生物技术。现代生物技术包括基因工程、蛋白质工程、细胞工程、酶工程和发酵工程等 5 大工程技术，其中基因工程技术是现代生物技术的核心技术。

既然基因工程技术是如此重要，那么什么是基因工程呢？基因工程（genetic engineering）是指在基因水平上，采用与工程设计十分类似的方法，按照人类的需要进行设计，然后按设计方案创建出具有某种新的性状的生物新品系，并能使之稳定地遗传给后代。根据这个定义，基因工程明显地既具有理学的特点，同时也具有工程学的特点。“基因”这个名称已在多处提到，那么基因又是什么呢？根据国内外的教科书和权威辞典上的解释加以综合，“基因”（gene）应定义为：是一段可以编码，具有某种生物学功能物质的核苷酸序列。

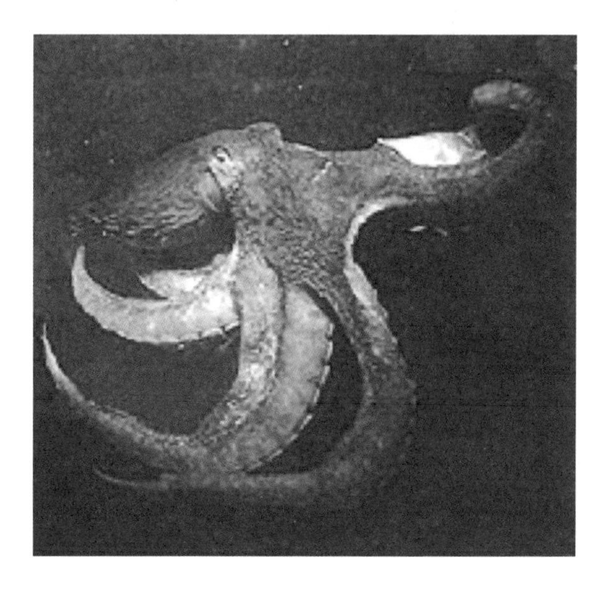

▲ 转基因的章鱼

基因工程的核心技术是DNA的重组技术，也就是基因克隆技术。重组，顾名思义，就是重新组合，即利用供体生物的遗传物质，或人工合成的基因，经过体外或离体的限制酶切割后与适当的载体连接起来形成重组DNA分子，然后再将重组DNA分子导入到受体细胞或受体生物构建转基因生物，该种生物就可以按人类事先设计好的蓝图表现出另外一种生物的某种性状。比如前面已提到的用动物来生产人的乳铁蛋白、抗凝血酶和白蛋白。除DNA重组技术外，基因工程还应包括基因的表达技术、基因的突变技术、基因的导入技术等。

由于基因工程是在分子水平上进行操作，最终是为了创造出人们所需要的新品种，因而它可以突破物种间的遗传障碍，大跨度地超越物种间的不亲和性。比如在基因工程中最常使用的大肠杆菌，它是一种原核生物，但它却能大量表达来自于人类的某些基因，例如各种人的多肽生长因子基因就可用大肠杆菌来生产。如果用常规的育种技术来做同一项工作，成功的机会应为零。科学家们可以利用基因工程实现人类的各种物种改良的愿望。

现在生活在地球上的各种生物都是经过长期的生物进化演变而来，虽然不能说它们都很能适应现在的生态环境，但至少可以说它们基本上都能适应当前的生态环境。这也就是说，每种生物体内或细胞内都处于精巧的调节控制和平衡之中。用基因工程方法引入一段外源基因片段后，原有的平衡可能被打破，有可能导致细胞内的生物学功能发生紊乱，最后有可能使细胞生长缓慢乃至细胞死亡。很显然，开展基因工程研究的目的既要使细胞像往常一样正常生长，又要使细胞产生甚至大量产生人类所需要的外源基因的产物。

基因工程如此重要，基因工程可以应用在哪些领域或行业?

科技或科学技术实际上是科学和技术两个名称构成的，它们是两个既有联系又有区别的概念。科学主要是指发现自然界的规律，创建各种与自然界规律相适应的理论；而技术则是指在探索自然规律时所使用的一些方法。一些新的科学发现或新理论的建立，会导致一场技术革命，新技术、新方法的建立又会推动新的自然规律的发现，因此，两者是相互促进的。

从20世纪70年代起逐步建立起来的基因工程技术，使基因或一些具有特殊功能的DNA片段的分离变得十分容易。这些基因或特殊DNA片段的一级结构（即它们的核苷酸序列）的测定也是十分容易的，由基因的核苷酸序列去推测蛋白质的氨基酸残基的序列也变得轻而易举。利用计算机技术可以很容易地对推测出来的蛋白质进行高级结构的分析，可以对来自不同生物种类的基因序列进行同源性分析。所有这些方法或技术的广泛使用，不仅大大地推动了分子生物学的迅猛发展，而且也大大推动了生命科学各个分支领域的迅速发展。因此，基因工程技术的第一个重要应用领域就是科学理论研究。

由于基因工程是从遗传物质基础上对原有的生物（常常称之为受体生物）进行改造，经过改造的生物就会按照研究者的意愿获得某种（些）新的基因，从而使该生物获得某些新的遗传性状。这种性状可以用人的肉眼直接观察到，也可能是通过某些反应或仪器间接观察到。这种受体生物可能是微生物、植物或动物，因而它会涉及许多生产行业。

▼ 转基因的海龟

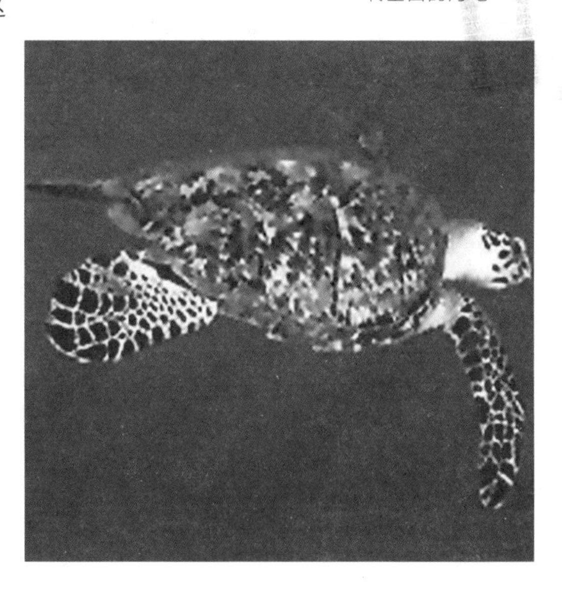

基因工程技术几乎涉及人类的生存所必需的各个行业。比如将一个具有杀虫效果的基因转移到棉花、水稻等农作物中，这些转基因作物就有了抗

虫能力，基因工程被应用到农业领域；要是把抗虫基因转移到杨树、松树等树木中，基因工程就被应用到林业领域；要是把生物激素基因转移到动物中去，这就与渔业和畜牧业有关了；如果利用微生物或动物细胞来生产多肽药物，基因工程就可以应用到医学领域。总之一句话，基因工程应用范围将是十分广泛的。

（杨秀利）

▶ 通过细菌内毒素基因培育的转基因抗虫玉米

干细胞组织工程——再造生命奇迹

干细胞是一群尚未完全分化的细胞，同时具有分裂增殖成另一个与本身完全相同的细胞，以及分化成为多种特定功能的体细胞这两种特性。干细胞在生命体由胚胎发育到成熟个体的过程中，扮演最关键性的角色，即使发育成熟之后，一般相信干细胞仍然普遍存在于生命体中，担负着个体的各个组织及器官的细胞更新及受伤修复等重大责任。

虽然过去人类早已知道干细胞的存在，并且了解它们许多的特性，但碍于体外培养的技术、研究与应用受到许多限制，直到 1998 年美国威斯康星大学的两位教授，成功地将人类多功能性的胚胎干细胞在体外培养与繁殖，才掀起了全球对于干细胞研究的热潮。经由许多实验证明，这些多功能性的干细胞在体外确实能够分化成为人体200多种器官与组织的细胞。无论是学界及医界，均肯定其未来在器官与组织的移植、新药开发、基因疗法、治疗癌症等方面具有无限的发展潜力。

在不同的成体干细胞中，造血干细胞以及间叶系干细胞已有多年研究的成果，这两种干细胞皆存在于骨髓、婴儿脐带血，以及成人外围血液中。过去造血干细胞在重建血液及免疫系统的研究中备受重视。间叶系干细胞的研究与临床应用，则在近年来吸引了许多注意力。

与大部分成体干细胞相比，间叶系干细胞具有极佳的自我更新以及增生能力。除了作为疾病的直接治疗剂之外，间叶系干细胞亦被用于基因治疗的研究中，可以将经过基因修饰的细胞与间叶系干细胞融合，在植入自体的组织中进行修复及治疗的工作。间叶系干细胞也具有作为蛋白质制剂的药物传输工具在体内制导的特性，将易被体内免疫系统破坏的蛋白质药物传递到作用位置，以增加其疗效，初期的动物实验已经证实其效果。

▼ 造血干细胞

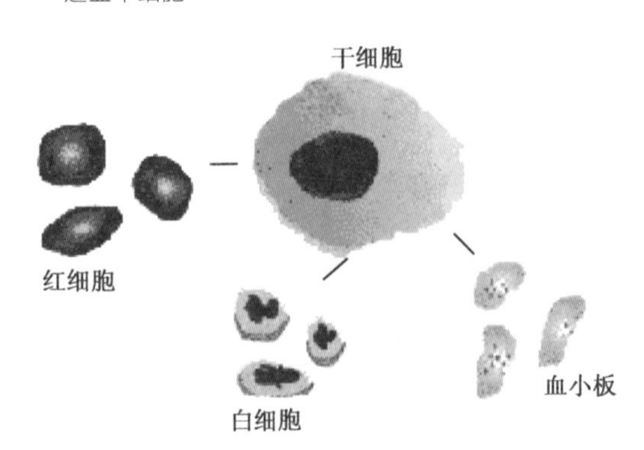

干细胞是一类具有自我更新和分化潜能的细胞，它包括胚胎干细胞和成体干细胞。干细胞的发育受多种内在机制和微环境因素的影响。目前，人类胚胎干细胞已可成功地在体外培养。最新研究发现，成体干细胞可以横向分化为其他类型的细胞和组织，为干细胞的广泛应用提供了基础。

在胚胎的发生发育中，单个受精卵可以分裂发育为多细胞的组织或器官。在成年动物中，正常的生理代谢或病理损伤也会引起组织或器官的修复再生。胚胎的分化形成和成年组织的再生是干细胞进一步分化的结果。胚胎干细胞是全能的，具有分化为几乎全部组织和器官的能力。而成年组织或器官内的干细胞一般被认为具有组织特异性，只能分化成特定的细胞或组织。

然而，这个观点目前受到了挑战。最新的研究表明，组织特异性干细胞同样具有分化成其他细胞或组织的潜能，这为干细胞的应用开创了更广泛的空间。干细胞具有自我更新能力（Self-renewing），能够产生高度分化的功能细胞。干细胞按照生存阶段分为胚胎干细胞和成体干细胞。

当受精卵分裂发育成囊胚时，内层细胞团（Inner Cell Mass）细胞即为胚胎干细胞。胚胎干细胞具有全能性，可以自我更新并具有分化为体内所有组织的能力。早在1970 年，马丁·约翰·埃文斯已从小鼠中分离出胚胎干细胞并在体外进行培养。而人的胚胎干细胞的体外培养直到最近才获得成功。 进一步说，胚胎干细胞（ES 细胞）是一种高度未分化细胞。它具有发育的全能性，能分化出成体动物的所有组织和器官，包括生殖细胞。研究和利用ES 细胞是当前生物工程领域的核心问题之一。ES 细胞的研究可追溯到 20 世纪 50 年代，由于畸胎瘤干细胞（EC 细胞）的发现开始了 ES 细胞的生物学研究历程。

目前，许多研究工作都是以小鼠ES细胞为研究对象展开的，如德美医学小组在2004年成功地向试验鼠体内移植了由ES细胞培养出的神经胶质细胞。此后，密苏里的研究人员通过鼠胚细胞移植技术，使瘫痪的猫恢复了部分肢体活动能力。随着ES细胞的研究日益深入，生命科学家对人类ES细胞的了解迈入了一个新的阶段。在1998年末，两个研究小组成功地培养出人类ES细胞，保持了ES细胞分化为各种体细胞的全能性。这样就使科学家利用人类ES细胞治疗各种疾病成为可能。然而，人类ES细胞的研究工作引起了全世界范围内的很大争议，出于社会伦理学方面的原因，有些国家甚至明令禁止进行人类ES细胞研究。无论从基础研究角度来讲，还是从临床应用方面来看，人类ES细胞带给人类的益处远远大于在伦理方面可能造成的负面影响，要求展开人类ES细胞研究的呼声也一浪高似一浪。

成年动物的许多组织和器官，比如表皮和造血系统，具有修复和再生能力。成体干细胞在其中起着关键作用。在特定条件下，成体干细胞或者产生新的干细胞，或者按一定的程序分化，形成新的功能细胞，从而使组织和器官保持生长和衰退的动态平衡。过去认为成体干细胞主要包括上皮干细胞和造血干细胞。最近研究表明，以往认为不能再生的神经组织仍然包含神经干细胞，说明成体干细胞普遍存在，问题是如何寻找和分离各种组织特异性干细胞。成体干细胞经常位于特定的微环境中，微环境中的间质细胞能够产生一系列生长因子或配体，与干细胞相互作用，控制干细胞的更新和分化。

造血干细胞是体内各种血细胞的唯一来源，它主要存在于骨髓、外周血、脐带血中。2005 年年初，协和医大血液学研究所的庞文新又在肌肉组织中发现了具有造血潜能的干细胞。造血干细胞的移植是治疗血液系统疾病、先天性遗传疾病以及多发性和转移性恶性肿瘤疾病的最有效方法。

在临床治疗中，造血干细胞应用较早，在 20 世纪 50 年代，临床上就开始应用骨髓移植（BMT）方法来治疗血液系统疾病。到 20 世纪 80 年代末，外周血干细胞移植（PBSCT）技术逐渐推广开来，绝大多数为自体外周血干细胞移植（APBSCT），在提高治疗有效率和缩短疗程方面优于常规治疗，且效果令人满意。与两者相比，脐血干细胞移植的长处在于无来源的限制，对 HLA 配型要求不高，不易受病毒或肿瘤的污染。

关于神经干细胞研究起步较晚，由于分离神经干细胞所需的胎儿脑组织较难取材，加之胚胎细胞研究的争议尚未平息，神经干细胞的研究仍处于初级阶段。理论上讲，任何一种中枢神经系统疾病都可归结为神经干细胞功能的紊乱。脑和脊髓由于血脑屏障的存在，在干细胞移植到中枢神经系统后不会产生免疫排斥反应，如给帕金森氏综合征病人的脑内移植含有多巴胺生成细胞的神经干细胞，可治愈部分病人症状。除此之外，神经干细胞的功能还可延伸到药物检测方面，对判断药物有效性、毒性有一定的作用。

人胚胎干细胞的分离及体外培养的成功，将给人类带来医学革命，也引发了一场科学与伦理的大辩论。

假设你患有糖尿病、进行性老年性痴呆、严重的心力衰竭或其他疾病，如果从你身上任何部位取下一些体细胞，通过核移植技术，将体细胞的细胞核显微注射至去核的人卵细胞中，这种包含与病人完全相同的遗传物质的杂合卵细胞在体外培养发育成囊胚，若将囊胚植入假孕妇女的子宫中，将会克隆出与提供体细胞的人基因相同的个体，即所谓的“克隆人”。但是如果从获得的囊胚中分离并扩增所谓的“人胚胎干细胞”（ES），并体外诱导它们分化成胰岛细胞、神经元、心肌细胞等，将这些细胞移植至发病部位，则能够修复病人的组织或器官，从而使病人免受病魔的煎熬。由于移植细胞与病人的基因完全相同，不会产生通常器官移植中的免疫排斥反应，修复的组织或器官将良好地履行职责，无需使用免疫抑制剂。也许你会认为这是科幻小说，但这种情景也许在不远的将来（有可能是几年之内）会成为一种常规的治疗方法，引发这场“医学革命”的关键技术——人胚胎干细胞技术已经出现，并将随着研究的深入而逐步完善。

▼ 神经干细胞

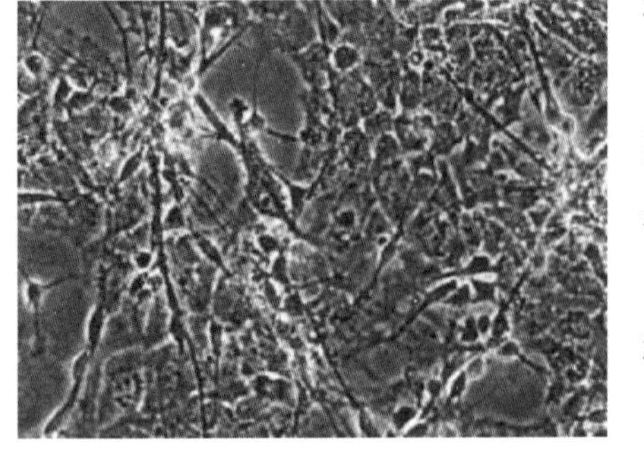

1998 年 11 月，美国威斯康星大学的汤姆生和约翰·霍普金斯大学的吉尔哈特教授分别在《科学》（Science，1998，Vol.282：1145~1147）和《美国科学院论文集》（PNAS，1998，Vol.95：13726~13731）上公布，他们用不同

的方法获得了具有无限增殖和全能分化潜力的人胚胎干细胞。这一成就将会给移植治疗、药物发现及筛选、细胞及基因治疗和生物发育的基础研究等带来深远影响，打开在体外生产所有类型的可供移植治疗的人体细胞、组织乃至器官的大门。

但是，由于人胚胎干细胞来自具有发育成一个个体潜力的人胚胎，因而人胚胎干细胞的研究引发了一场伦理大辩论。有人担心，人胚胎干细胞的研究会导致医生刻意收集未出生胚胎的细胞，来提供其他病人治疗的需要，或者利用该项技术进行克隆人的研究，这可能会引发公众对科学的恐惧。

到目前为止，人们对干细胞的了解仍存在许多盲区。2000 年年初，美国研究人员无意中发现在胰腺中存有干细胞；加拿大研究人员在人、鼠、牛的视网膜中发现了始终处于“休眠状态的干细胞”；有些科学家证实骨髓干细胞可发育成肝细胞，脑干细胞可发育成血细胞。随着干细胞研究领域向深度和广度不断扩展，人们对干细胞的了解也将更加全面。21 世纪是生命科学的时代，也是为人类的健康长寿创造世界奇迹的时代，干细胞的应用将有广阔前景。

（杨秀利）

试管婴儿——精巧的生命

体外授精技术俗称试管婴儿，是目前世界上最广为采用的生殖辅助技术。试管婴儿并不是真正在试管里长大的婴儿，而是从卵巢内取出几个卵子，在体外使其与男方的精子结合，形成胚胎，然后转移胚胎到子宫内，使之在子宫内着床。正常的受孕需要精子和卵子在输卵管相遇结合，形成受精卵，到达子宫腔继续妊娠。试管婴儿可以简单地理解成由实验室的试管代替了输卵管的功能而称为试管婴儿。尽管体外授精原用于治疗由输卵管阻塞引起的不孕症，现已发现体外授精对由于宫内膜异位症、精子异常（数目异常或形态异常）引起的不孕症，甚至原因不明性不孕症都有所帮助。研究显示一个周期治疗后的妊娠率在40%左右，出生率稍微低一点。

试管婴儿的研究有着漫长的历史，早在1947年，

《自然》(Nature) 杂志就报道了将兔卵回收转移到别的兔体内，借腹生下幼兔的实验。1959 年美籍华人生物学家张民觉把兔精子和卵子在体外结合，然后将受精卵移植到其他兔体内，生出正常的幼兔。成功完成兔体外授精实验使张民觉成为体外授精研究的先驱。他的动物实验结果为后来人的体外授精和试管婴儿研究打下了良好的基础。

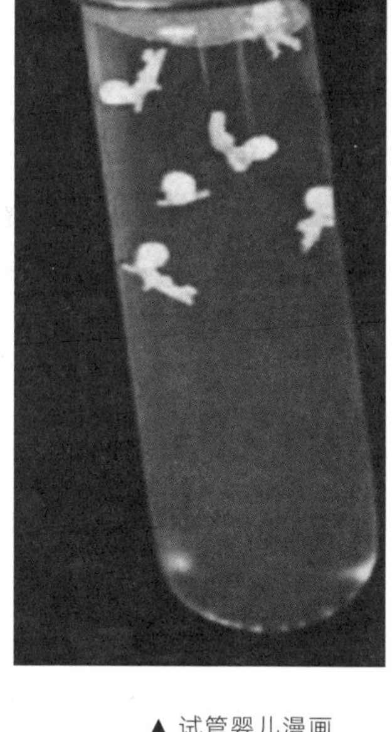

▲ 试管婴儿漫画

1978 年 7 月 25 日，世界第一例试管婴儿路易丝·布朗在英国诞生。试管婴儿的最早阶段妊娠成功率只有 2.94%。1980 年 6 月，澳大利亚第一例试管婴儿妊娠成功。1981 年 12 月，美国出生第一例试管婴儿。现在对输卵管因素不孕症治寄托的希望已由 20 世纪六七十年代的输卵管显微成形手术转移到体外授精技术上。当然这两种治疗的选择还要根据病人的具体情况。我国在这方面的工作相对起步较晚，1985 年我国台湾省出生第 1 例试管婴儿，1986 年香港也出生 1 例。大陆首例试管婴儿于 1988 年 3 月 10 日诞生，目前已经三十岁了，聪明、健康。

发展到现在，试管婴儿技术已经有了 3 代。

体外授精胚胎移植（第一代）：用不同方案的促排卵药，待卵子成熟时在 B 超引导下经阴道将卵子取出与其丈夫的精液（经过处理）放在培养皿里受精发育成胚胎，然后置入女方的子宫里。

体外显微授精胚胎移植技术（第二代）：适用于极度

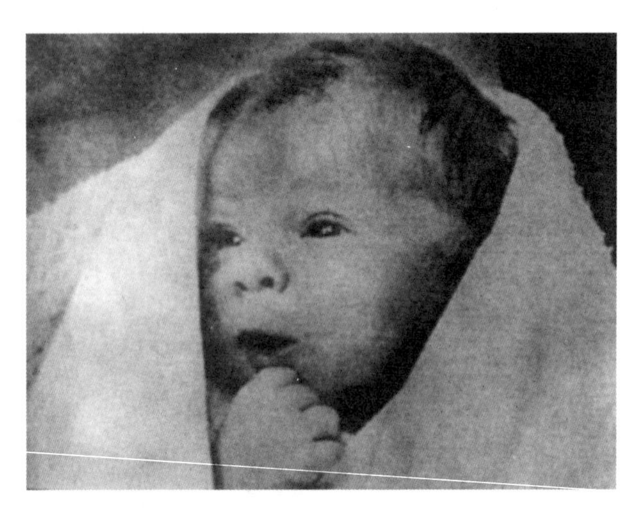

▲ 世界上第一例试管婴儿诞生于1978年7月25日

少精、弱精病人，用上述方法不能体外授精的，可用显微注射技术将精子注入卵母细胞胞浆内帮助授精。对于男方无精子的可通过附睾抽吸或者睾丸活检技术采集精子，借助显微技术得到属于自己的孩子，但男方必须先取血检查有无染色体模型异常，以避免将遗传病传给子代。即使这样，一些小的基因缺失仍不能检出，并且目前认为显微注射技术有可能引起细胞超微结构的损伤，在助孕同时，子代可能有遗传病的发生。此项技术的成功率为45%~50%。

胚胎筛选预防遗传病（第三代）：将有遗传病的夫妇通过体外授精发育成的胚胎进行筛选，将没有遗传病基因的胚胎移植到女方的子宫里。

另外还有冷冻储存胚胎技术。如果一个刺激周期得到多个卵，并在体外受精、分裂，形成多个胚胎，移植后剩余质量好的胚胎，可以冷冻贮存。如果这个周期未获妊娠，可以在以后的自然周期解冻移植。自然周期内分泌环境利于胚胎植入，但冻融对胚胎是一损伤，生命力较新鲜胚胎为差。

任何自然妊娠中发生的胎儿畸形均可能发生在试管

婴儿中，一般认为试管婴儿畸形的发病率并不比自然妊娠高。但是试管婴儿发生流产或胚胎宫内停育的可能比自然妊娠高。因每次移植多个胚胎，多胎发生率也高，易有并发症，也易发生早产。如病人输卵管未完全堵塞，移植入宫腔的胚胎还可能流入输卵管内发生宫外孕，有时甚至发生宫内合并宫外妊娠，可引发大出血。

虽然具有一定的危险性，但这项技术的发展和成熟终将会为更多不孕不育的夫妇带来新希望。

（林　怡）

你为孩子保留了脐带血吗

骨髓移植是急慢性白血病、再生不良性贫血、骨髓形成不良症候群、遗传性严重免疫缺乏及一些生理代谢异常等疾病的重要疗法。方法是抽取捐赠者的骨髓输入病患的体内，用以重建病患的造血与免疫系统。骨髓移植的限制性在于实时寻找人体淋巴细胞抗原配合的捐髓者的不易和移植后的排斥反应。因此，科学界不断寻求可以取代骨髓移植的方法，目前以脐带血移植最具发展潜力与希望。

脐带血是存在于胎盘和脐带内的血液，在新生婴儿脐带被结扎后可由胎盘脐带流出，含有大量未成熟的造血干细胞。脐血干细胞移植对白血病、再生障碍性贫血等恶性血液病治疗具有疗效，目前被认为可作为提供骨髓重建所需的造血干细胞的另一种选择。自 1989 年起，美、法等国就有运用胎盘脐带血替代骨髓进行移植以达到重建骨髓造血机能的目的的尝试。这方面的临床报告令人鼓舞，再加上近年来，外周血干细胞分离及冷冻技术的进步，脐带血移植可能会逐渐成为常规的医疗模式。

脐带血移植与传统骨髓移植相比，在某些方面有着明显的优势。

首先在HLA相合的限制上，骨髓移植的配对率是3%，而脐带血成功配对率却可高达50%，对于一些急需进行造血细胞移植的病人来说，脐带血移植就显得方便和救急，且发生移植物抗宿主病（GVHD）的概率较低，更可提升病人的存活率。

而在癌症治疗方面，目前传统化疗效果有限，主要原因在于化疗药物对骨髓细胞的毒性作用及肿瘤细胞的抗药性。若能给予病人自体干细胞移植，则可大量提高化疗药物的剂量，在一定程度上克服癌细胞的抗药性，增强化疗效果。

另外，脐带血移植发生排斥的机会较少，且严重程度较低，而排斥通常是骨髓移植失败的主因。胎盘屏障的存在使脐带血相对纯净，降低了移植造成感染发生的可能。只要捐赠者同意，每位新生儿都可以采集，可低温冻存，需要时可随时解冻使用，并且相对于骨髓移植，脐带血移植的费用较为低廉。

目前明确脐带血移植的适应证为：急性白血病、慢性白血病、多发性骨髓瘤、骨髓异常增殖综合征、淋巴瘤、海洋性贫血、再生障碍性贫血、先天性代谢性疾病、先天性免疫缺陷疾患、自身免疫性疾患等。病人年龄须在45岁以内，心、肺、肝、肾、脑等脏器功能良好。

如今，脐带血干细胞在免疫不全、癌症治疗或再生不良性贫血方面，已经有很大贡献。而近年来，科学家已成功地将脐带血干细胞用来修补受到损伤的各种不同组织。不久的将来，人类很快能够用自己的脐带血干细胞分化发育出新的器官来置换受伤害的器官。未来应该还可以用在基因治疗上，用来矫正基因缺失和治疗自体免疫疾病，还有一些先天性异常的遗传疾病病人。专家预测，未来脐带血移植还可能用于糖尿病、帕金森氏病、老年痴呆症、脊髓损伤、中风、心脏病、肝病、肌营养不良的治疗，以及皮肤移植等排斥强烈的移植手术。

脐带血除了移植以外，尚有其他的医疗用途，如为造血干细胞的培养及体外增殖提供很好的研究材料，对于免疫学及基因治疗的发展有相当大的帮助。世界各地都鼓励脐带血库的建立，目前大约有580万份（2018年数据）单位的脐带血被脐带血库储存，以作移植应用，这个数量可充分提供非亲属脐带血移植的需要。脐带血库的建立及脐带血干细胞的移植对相关医疗与生命科学的影响可说是相当深远的，其前景相当光明。

根据美国的统计，每年大约有1万至1万5千名病人需要干细胞的治疗，流行病学专家亦预测，由于环境以及各种因素的影响，目前儿童成长到15岁时，罹患癌症的概率为 1/630，估计每 1 000 人中，有一个人将来需要接受干细胞的治疗，所以为新生儿贮存他们的干细胞，是新生儿日后健康的最佳保障。目前绝大部分脐带血干细胞移植被使用在 18 岁以下的病人。

你为你的孩子储存脐带血了吗?

（林　怡）

人体器官再造前途不可估量

一些生物如蝾螈、水蛭和章鱼等，如果手、足甚至半个身子都断了，也会很快地重新长出与原来一模一样的手、足和身子。研究人员认为，这些动物在全身各处都有像胚胎细胞那样能进行全能分化生长的细胞，即干细胞。严格地说，干细胞是尚未分化发育的能生成各种组织器官的全能细胞。当然根据分化程度和能否发育为各种组织器官这一标准可以将干细胞分为全能干细胞和组织干细胞。前者能发育形成一个完整的生物个体，就像人的胚胎发育为一个人；而后者则只能分化形成一些组织和器官，例如肝脏、肾脏和心脏以及骨骼、皮肤和肌肉等。

在现有的技术下，研究人员已经能在体外鉴定、分离、纯化、扩增和培养人体胚胎干细胞和各种组织干细胞。可以说，如果能采用培养人体自身干细胞的方法来再造组织和器官，就可能治疗人的各种疾病。

干细胞主要来源于胚胎。从胚胎那里提取干细胞有多种方法，但无论哪一种方法都会涉及巨大的伦理问题。

第一种是通过怀孕获取胚胎，再在胚胎不同的发育阶段提取能分化发育成各种器官和组织的干细胞进行培养，生产出人们所需的器官和组织。但是，这就意味着孕育的目的不是为了要孩子，而是只要其干细胞，而提取了干细胞后的胚胎实际上就被毁坏了，不可能再发育成一个完整的孩子。这在伦理上有极大挑战性。这种做法目前唯一可行的是，夫妻怀孕生下一个孩子以提取孩子的骨髓干细胞来救治孩子患白血病的同胞兄弟姊妹或其他有血缘关系的亲人。因为他们的主要组织相容性抗原和次要组织抗原都会比较相同或相似，不会产生太大的排异反应，而且孩子生下来是为了养育，只是提取他的一点骨髓而已。

▼ 长着人耳朵的小兔子

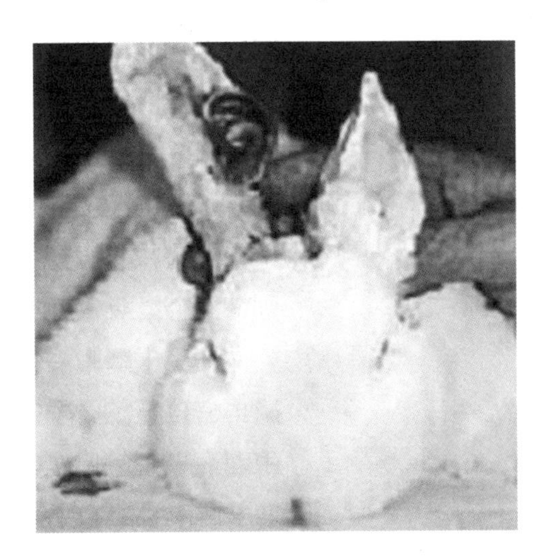

第二种获得胚胎干细胞的方法是采取克隆羊多利的技术路线。具体做法是，病人（如需要移植肝脏的病人）供出自己的体细胞，医生把病人体细胞中的细胞核取出，再把它放入一个去核的人卵细胞中，通过激活使其发育成囊胚，再由囊胚分化生成具有内胚

层、外胚层和中胚层的胚胎，此时的胚胎就具有能分化成各种组织器官的干细胞。然后提取这些干细胞在体外定向培养，可以生成特定的组织器官供病人进行移植用。这样培养出的器官在主要组织相容性抗原和次要组织相容性抗原上都会比较一致，进行移植时发生排异的机会极小。但是提取出干细胞后，这个胎儿还要不要，他还会不会健康地发育就很难保证了。

无论是东方还是西方，都认为从胚胎获取干细胞是在杀死胎儿。这也是各国政府难以批准这一科研项目的原因之一。

于是一些研究人员把目光放在了胚胎以外的干细胞上，如骨髓干细胞和血管内的干细胞。早在 1999 年，美国麻省波士顿儿童医院的研究人员就培育成了一种心脏瓣膜。具体做法是，从股动脉分离出干细胞，经两周培养生成 2 000 万个细胞，从中再分选出内皮细胞和成肌纤维细胞。然后将成肌纤维细胞种植在聚乙醇酸的二酮衍生物基片上，再在模板中培养两周就成为心脏瓣膜。据波士顿儿童医院的研究人员介绍，这种心脏瓣膜在移植到羔羊体内一周后就有了理想的功能，分泌出了胶原间质，使瓣膜具有了机械特性，而其中的聚合物生物基片则在 6 个星期后在体内完全降解，并被胶原间质所替代。

利用干细胞培养组织和器官面临的最大难题是要解决再造器官的 3 个问题：血液供应、神经支配和在人体生理环境中的协调性。美国研究人员培育的心脏瓣膜并非独立的器官，所以在神经支配上要求不高，但如果是一种独立的有健全功能的器官，如心脏、肝脏、肾脏、肺等，就必须要解决这三个问题。然而迄今为止这些问题都没能得到理想的解决，因而利用干细胞再造器官还有很长的路要走。

我国的曹谊林教授曾在裸鼠背上复制出了人的耳朵，但这只耳朵只有组织构架，其中既没有神经，也没有血管分布，不具备任何生理功能，远未达到实用的境地。

然而另有一些研究人员认为，除了定向培养干细胞外，还可利用人体的潜能再生细胞来再造人体器官。使用潜能再生细胞进行器官再造的研究人员称，他们是尝试在身体原位培养出新的器官或组织，比如在断腿的地方重新刺激机体组织长出新的腿来，如同蝾螈、章鱼修复自己的缺损器官一样。从理论分析，如果在体内器官缺失的地方能找到或移植潜能再生细胞，再通过一定的技术刺激它们定向生长，也许有可能再造原位器官，这种结果避免了器官移植的种种麻烦而效果又比器官移植好。

但人体是否有潜能再生细胞，或潜能再生细胞是否就是干细胞的另一个名称或另一种形式，以及这种细胞是否像干细胞一样能分化形成各种组织器官，都要留待实践结果来回答。

（林　怡）

造血干细胞移植

人们以前常说的骨髓移植、骨髓捐献到今天已经不准确也不科学了，由于医学技术的高速发展，也就是说我们真正采集、捐献的实际是造血干细胞。

我们人身体哪些部位在生产和存储造血干细胞呢？一般来说，有3个部位。生产和储存的大部分在骨髓里，我们叫作骨髓造血干细胞。还有一部分在外周血，也就是在血管里面有少量的造血干细胞。第三就是人们所知道，当妈妈生完小孩之后，在脐带里有大量丰富的造血干细胞。反过来说造血干细胞都在哪些部位，有骨髓的造血干细胞，有外周血的造血干细胞，有脐带学的造血干细胞。现在我们提倡用外周血的造血干细胞来进行采集。

骨髓的造血干细胞采集和外周血的造血干细胞采集

有什么不同呢？如果说是骨髓移植用骨髓的造血干细胞，供者要进行全麻，或者在他的骨上凿几个洞。用外周血造血干细胞则是先打三四天的外周血动员剂，将骨髓中的造血干细胞动员入血，然后用采血的方法来采集，这样的方法供者没有什么痛苦。

如何进行造血干细胞移植？首先让骨髓中的造血干细胞大量释放到血液中去，这个过程称为“动员”。然后，通过血细胞分离机分离获得大量造血干细胞用于移植，这种方法称为“外周血造血干细胞移植”。现在捐赠骨髓已不再抽取骨髓，而只是“献血”了。而且，由于技术的进步，现在运用造血干细胞“动员”技术，只需采集分离约 50~200 毫升外周血即可得到足够数量的造血干细胞。采集足够数量的造血干细胞后，血液可回输到捐献者体内。造血干细胞移植与输血有什么不同？不论是骨髓移植还是外周血干细胞移植，说到底是造血干细胞移植。按照造血一元论的观点，人体的造血细胞都是来源于一种最原始的血细胞，由它不断地增殖、分化，生生不息产生出多种多样的血细胞，如红细胞、白细胞和血小板。既然这样，人们又管它叫种子细胞，把它播到另外的有机体内（受者），在合适的环境下，就能不断地增殖、分化，将有病的细胞取而代之。输血就不一样了，输的都是成熟的成分，只能暂时帮一下忙，慢慢地就被受者破坏分解掉了。

造血干细胞移植会不会影响身体健康？现在很多人对于造血干细胞捐献不了解，认为捐献出去会对自己的身体造成影响。其实，通过对全球已实施移植的供者的身体状况进行监测，到目前为止，没有发现对身体有影响的个例。正常人骨髓总量约为3 000克，移植时只需10克，相当于采集干细胞10毫升。在采集时，从一处静脉引出血，通过仪器把需要的细胞提取出来用于移植，不需要的成分再“送”回供者的体内。采集过程中，供者只需躺在床上约4个小时，整个过程只需一个星期。由于造血干细胞具有自我复制功能，捐赠造血干细胞后人体将在短时间内恢复原有的造血细胞数量。所以，人不会感到任何不适，对供者来说很安全。造血干细胞的供给者通常只要请半天假就能完成整个手术，不用作任何额外的休息和调养。

造血干细胞移植有哪些类型？造血干细胞移植按造血干细胞的来源部位可分为骨髓移植、外周血干细胞移植和脐血干细胞移植。按造血干细胞来自病人自身与否可分为自体移植、同基因移植和异基因移植。其中同基因移植是指病人与移植供体为同卵孪生兄弟或姐妹。对急性白血病无供体者，在治疗完全缓解后，采取其自身造血干细胞用于移植，称为“自体造血干细胞移植”。因为缓解期骨髓或外周中恶性细胞极少，可视为“正常”细胞，但一般复发率较高，因而疗效比异体移植稍差。人们正在研究一些特殊的“净化”方法，用以去除骨髓中的恶性细胞，可望进一步提高自体移植的疗效。因此，造血干细胞移植可以治疗多种血液病、实体瘤、免疫缺陷病和重度急性放射病，这已被很多人所熟悉。据介绍，造血干细胞移植目前广泛应用于恶性血液病、非恶性难治性血液病、遗传性疾病和某些实体瘤治疗，并获得了较好的疗效。1990 年后这种治疗手段迅速发展，全世界 1997 年移植例数达到 4.7 万例以上，自 1995 年开始，自体造血干细胞移植例数超过异基因造血干细胞移植，占总数的 60% 以上。同时移植种类逐渐增多，提高了临床疗效。

造血干细胞移植本身也可以说是一种器官移植，不过它不是大的组织、大的器官，而是人体的细胞。人体的本身免疫功能，都有一个认自己、排别人的东西，自己体内的东西都可以和平共处，不是自己身体里面的东西都要千方百计地排斥出去。机体有两个屏障：一个是个体发育屏障，一个是免疫屏障。为什么会有这样的屏障？最重要的理由就是生物的多样性，人和人不同。具体到造血干细胞移植，除了同卵双胎外，其他的都存在着差别，只不过差别有大有小而已。现在已经知道胎儿发育到 3 个月以后，胎肝便有造血干细胞，胎儿开始自己造血。但这种造血功能还很不完善，各种细胞成分的比例还很不稳定，红细胞系统造血比较旺盛，免疫功能细胞不够完善，抗体数量不足，这时如果作为造血干细胞移植给别人，则有不易植入而易被排斥的可能，对于受者而言此即个体发育屏障。而成人的造血干细胞，包括骨髓和外周血干细胞，就可因性别、内分泌、免疫功能和基因的内在差别而影响植入，这即谓之免疫屏障。造血干细胞的移植本身也有排斥的过程，这样我们就要在移植造血干细胞之后，密切观察排斥的现象，根据排斥现象，用一些药物来预防它的排斥。在采集以后，主要有两大问题，一个是排斥问题，一个是抗感染问题。

造血干细胞研究的每一个新发现或新进展都向临床应用迈进了一步。尽管一些方面还存在疑惑，还需要深入研究和进一步验证，但不断增多的在动物实验和临床研究方面的有效性报道，已向我们展示了造血干细胞对多种疾病的治疗潜力和广阔的临床应用前景。

（邵先安）

知识链接

干细胞

在细胞的分化过程中，细胞往往由于高度分化而完全失去了再分裂的能力，最终衰老死亡。机体在发展适应过程中为了弥补这一不足，保留了一部分未分化的原始细胞，称之为干细胞（stem cell）。一旦生理需要，这些干细胞可按照发育途径通过分裂而产生分化细胞，也可以这样说，这些干细胞充当了分化细胞“预备队”的角色。在动物体中，多数组织含有干细胞，甚至在进化的早期，最初级的后生动物——海绵也含有称之为“始祖母细胞”的干细胞。

干细胞的特点：干细胞本身不是处于分化途径的终端；干细胞能无限的增殖分裂；干细胞可连续分裂几代，也可在较长时间内处于静止状态；干细胞通过两种方式生长，一种是对称分裂——形成两个相同的干细胞，另一种是非对称分裂——由于细胞质中的调节分化蛋白不均匀地分配，使得一个子细胞不可逆的走向分化的终端成为功能专一的分化细胞，另一个保持亲代的特征，仍作为干细胞保留下来。分化细胞的数目受分化前干细胞的数目和分裂次数控制。可以说，干细胞是具多潜能和自我更新特点的增殖速度较缓慢的细胞。

生物工程造福于人类

未来，工程师将不再摆弄钢铁或是螺丝钉，而是DNA、细胞、蛋白质。人类将通过组装生物系统，仿效“上帝”。生物工程正是这种未来工程师所从事的研究之一。生物工程又称生物工艺或生物技术，它是一门应用现代生命科学原理和信息及化工等技术，利用活细胞或其产生的酶来对以可再生的生物资源甚至废弃物为主的廉价原材料进行不同程度的加工，提供大量有益社会（化工、机械等）和信息科学（电子学、计算机科学等）产品的技术，以经遗传工程或细胞工程改造过的具有优良遗传性状的“工程菌”或动、植物的“工程细胞株”的固定化细胞或酶为加工手段，其主要作用是为社会提供大量优质发酵产品，例如生化药物、化工原料、能源、生物防治剂以及食品和饮料，还可以为人类提供治理环境、提取金属、临床诊断、基因治疗和改良农作物品种等社会服务。

生物工程主要由5个分支组成，即基因工程、细胞工程、酶工程、发酵工程和生化工程。前两者以获得优良物种为主要目的，后三者则以对优良物种进行大规模的培养和利用，使之发挥巨大的经济效益和社会效益为主旨。

生物工程学，承诺在生命如何运作方面建立一种新的理解，并且随着时间的推移，利用来自生命本身的材料——DNA、细胞、蛋白质和氨基酸来制造更好的药物，从岩石中提取矿物，把太阳光转化成氢，甚至设计一种全新的能够以一种事先设定的方式组合的生物体。

这不仅仅是开启生物技术的一个新纪元，生物学工程师们将进一步拆分组成生命的微型结构，并按自己的意图重新组装它们，而且这一过程将拥有目前生物学家无法实现的数学上的精确程度。他们甚至将为一种生物体的DNA编程，让它能够长成一栋房子，让你以此为家。如果说是上帝创造了人类，那么从某种意义上来说，生物工程将让人类也成为上帝。

“生物工程学并不非得是理解体系本身，我们希望能够设计和建造生物体系，让它们来履行特殊的用途。”麻省理工学院生物工程学副教授、该科目的权威之一德鲁·安迪指出，他希望能够创造出一种特殊的处理信息的计算器。也许你会想：现在的电子计算器还不够多、不够便宜吗？请等一下，生物学工程师并没有想要取代现有技术的意思，他们希望开发出具有许多新功能的计算器，这些功能也许是你从来没有想到过的。安迪说：“运用生物学技术来进行信息处理的意义并非要取代你的笔记本电脑。我们希望能够运用以生物学为基础的计算技术把一定量的记忆和逻辑移植到没有这些东西的地方——比如说肝脏当中的细胞。”

设想在一个肝脏细胞中建立一个生物学计算器，每当细胞分裂时，它就会被触发，另一种生物学装置用于监视这种计算器，如果该细胞分裂超过200次（用其他话来说，细胞分裂已经失控，很可能成为一个肿瘤），这个细胞就会被杀死。这将会是攻克癌症的一种十分有效的方法——不需要进行麻烦的化疗或者是手术。

即便是这种简单的想法，它离我们还是比较遥远，但是它大致描绘了工程师们在生物学中看到的潜力。“对于机械和电子工程师来说，一个计算器就是一个微不足道的系统；对于生物学的工程师而言，制造计算器是一种十分有挑战性的梦想。”安迪说。

生物工程学与目前的生物工艺学等领域最大的不同就是它将运用精确的数学模型来预测行为。目前，生物工艺学家们正在做的是识别有趣的蛋白质和化合物，然后，由化学工程师们来弄清楚怎样大规模地生产它们，其中并没有“工程”正在进行。严格意义上的工程学涉及从一种系统的精确的数学模型开始，模型必须经过测试来确定它在一系列的情况下是如何运作的。最终，系统必须用原材料按照严密的规格建造而成，只有这样才能按照预知的方式发生行为。“就像是设计一个汽车引擎，如果我改变空气—燃料的比例或者点火的温度，你就能够准确地预言将会发生什么。”劳芬博格打了个比方。

如果生物学真的要成为一项工程技术，工程师们就需要开发出标准的生物学元件，就像是标准的螺丝钉那样，能够组装到所有的应用系统中。某些生物学工程师可能需要理解原子层次的相互作用，例如，一种氨基酸与 DNA 的一部分之间存在的相互作用。然而，其他人只需在工作的时候把它当作想当然的事情。标准化能够把一些复杂的问题向那些并不需要看到这些问题的人隐藏起来。

（邵先安）

后基因时代治病看基因

2000年6月26日，人类基因组图谱绘制工作已经完成。世界各国关于基因的研究焦点正转向确定基因功能、解析其结构等方面，更多的是将基因用于实际临床应用，尤其是在医学诊断和治疗方面，人类对基因研究进入以应用为主的后基因时代。

何女士怀孕后总是习惯性流产，医院检查的结果是她和丈夫从生理上均无异常。经基因诊断，确认是家养宠物感染弓形虫病所致。此病危害性很大，可侵害神经系统和眼睛，也可损害心脏等脏器，孕妇感染此病可引起流产、早产和死产，更可导致畸胎。

“过去微生物的培养至少需要3个月，有的还培养不出来，基因诊断现在1天就可以诊断。”北京大学医学部病理学系教授吴秉铨说，“将来认识疾病都会与基因异常联系起来。最重要的是基因诊断能在潜在感染带病毒者的身上查出来，为病人的早期对症治疗提供了可靠依据。而且随着基因图、异常基因研究的普及，所有疾病都离不开用基因进行诊断。”

基因诊断不是谁都能做，“基因诊断临床效果相当不错，但不是任何医院都可以做。”北京大学医学部病理学系刘叔平主管技师说，“因为它是高新技术，需要专业实验室、专业设备，只有专业技术人员才能做，也不允许随便简化程序。”

据了解，做一次某种感染因子基因诊断的费用为 100 元，而一个病人可能要同时做若干个诊断，这就是一笔可观的开销，因此，社会上出现了一些不合格机构非法牟利的现象。专家说，如果想做基因诊断，最好有针对性地到大医院去做。

后基因计划刚刚开始，随着人类基因的不断破译，基因治疗已经来到了我们身边。2004 年底英国伦敦一家儿童医院的医生通过将修复后的 DNA 植入病人细胞，成功地为一名患先天性基因缺损的 1 岁儿童实施了基因治疗。据悉，用基因治疗冠心病在我国就要成为现实。北京安贞医院心脏外科

▼ 基因治疗

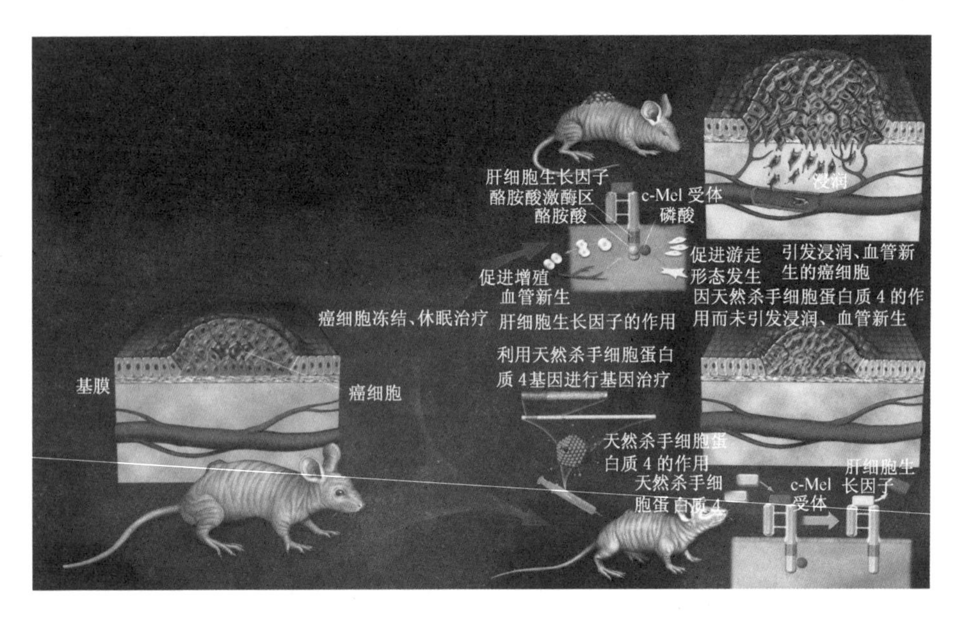

▲ 一种被称为“天然杀手细胞”的基因治疗法正在进行动物实验

的医师屈正博士，在国内率先将这一成果应用于临床前期研究，利用大动物实验阶段已经完成。尽管如此，有关专家认为利用基因治疗疾病，目前还处在探索阶段，离应用还有一定的距离。

科学是无止境的，把基因图谱搞出来，好像是完成了一件大事，但专家却认为基因诊断只是刚开始被人们所认识，离高水平的普及还很远。基因治疗要走的路更长。

（邵先安）

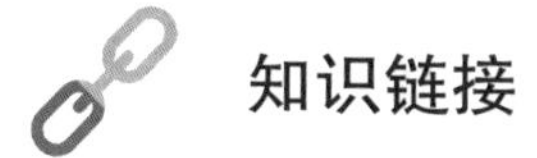

知识链接

基因治疗

科学家已经发现，人类的疾病绝大多数是由于某种基因发生了突变引起的。对突变基因进行修复、更换的基因疗法，被称为基因治疗。从经典的角度理解基因治疗的定义是："将具有正常功能的基因置换或增补病人体内缺陷的基因，从而达到治疗疾病的目的。"

基因营养

1977年，美国医学家试图通过以食补基因的"原材料"——核酸的方法，来维护基因的健康，达到防病治病的目的，得到了临床的可靠证实，并被世界公认为基因营养疗法。通过补充核酸来养育基因，是一种本源性的基础营养方法，安全、可靠。它的效果能在许多疾病的康复中显示出来，其根本的机理在于体内基因本身具有很强的自主修复能力。

新克隆时代

一个细菌经过 20 分钟左右就可一分为二；一根葡萄枝切成十段就可能变成十株葡萄；仙人掌切成几块，每块落地就生根；一株草莓依靠它沿地“爬走”的匍匐茎，一年内就能长出数百株草莓苗……凡此种种，都是生物靠自身的一分为二或自身的一小部分的扩大来繁衍后代，这就是无性繁殖，无性繁殖的英文名称叫“Clone”，音译为“克隆”，实际上，英文的“Clone”起源于希腊文“Klone”，原意是用“嫩枝”或“插条”繁殖。时至今日，“克隆”的含义已不仅仅是“无性繁殖”，凡来自一个祖先，经过无性繁殖出的一群个体，也叫“克隆”。

这种来自一个祖先的无性繁殖的后代群体也叫“无性繁殖系”，简称无性系。自然界的许多动物，在正常情况下都是依靠父方产生的雄性细胞（精子）与母方产生的雌性细胞（卵子）融合（受精）成受精卵（合子），再由受精卵经过一系列细胞分裂长成胚胎，最终形成新的个体。这种依靠父母双方提供性细胞，并经两性细胞融合产生后代的繁殖方法就叫作有性繁殖。但是，如果我们用外科手术将一个胚胎分割成两块、四块、八块……最后通过特殊的方法使一个胚胎长成两个、四个、八个……生物体，这些生物体就是克隆个体，而这两个、四个、八个……个体就叫作无性繁殖系（也叫克隆）。可以这样说，关于克隆的设想，我国明代的大作家吴承恩已有精彩的描述——孙悟空经常在紧要关头拔一把猴毛变出一大群猴子，猴毛变猴就是克隆猴。继克隆绵羊"多利"之后，近来又有克隆猴、克隆猪、克隆金鱼相继降生，克隆猫、克隆狗有可能成为人们的新宠，中国科学家克隆出转基因山羊。毫无疑问，我们正走入一个新克隆时代。

英国 PPL 公司宣布克隆出 5 只小猪，这 5 只小猪中有一只叫克利斯塔，用以纪念进行首例人类心脏移植手术的医生 Christiaan Barnard 克里斯蒂安·巴纳德；有两只叫亚历克西斯和卡雷尔，则是为了纪念器官移植先驱亚历克西斯·卡雷尔。科学家在克隆之前对猪的基因进行了修改，使其器官移植到人体时不会遭到排斥，他们希望克隆猪提供器官的新来源。

2004 年，中国科学院发育生物所和扬州大学的科学家合作，利用成年转基因山羊的体细胞成功克隆出山羊。目前，该所的杜淼研究员又带上学生们去了扬州的实验基地。谈到 PPL 公司的克隆猪时，他指出，这些猪也是转基因猪，如果采取自然繁殖的方式，新的器官特性就可能得不到保持。他还说，克隆技术为转基因山羊等转基因动物的扩大繁殖和最终走向市场提供了可能。

自 1996 年英国科学家用成年羊体细胞成功克隆出"多利"以来，克隆技术取得一系列重大突破。克隆技术正收起严肃的面孔，走近了普通人。当然，克隆技术要真正走进人们的生活还有待时日，其中一个问题就是克隆技术本身还不完善：多利过早衰老了；克隆动物免疫系统的正常发育可能受到影响；截止到 2004 年 2 月底，日本共有 121 头体细胞克隆牛诞生，存活的仅有 64 头……有科学家感叹说，克隆是一首悲喜交集的进行曲。

1998 年 1 月，美国一位名叫理查德·锡德的科学家率先提出，他将进行克隆人试验，目的是为患不育症的夫妇繁衍后代。此言一出，举世震惊。当时的美国总统克林顿立刻呼吁国会立法禁止克隆人。法国、意大利等 19 个欧洲国家很快签署了严厉禁止克隆人的协议，这是世界上第一个禁止克隆人的法律文件。其他许多国家政府、国际组织也明确表示反对克隆人，并制订有关法律。科学界对此也基本持抵制态度。

克隆人一直遭到全世界绝大多数人反对的原因是多方面的。首先，克隆人的身份难以认定，他们与被克隆者之间的关系无法纳入现有的伦理体系。其次，人类繁殖后代的过程不再需要两性共同参与，这将对现有的社会关系、家庭结构造成难以承受的巨大冲击。第三，克隆人技术可能会被滥用，成为恐怖分子的工具。第四，从生物多样性上来说，大量基因结构完全相同的克隆人，可能诱发新型疾病的广泛传播，这对人类的生存是不利的。第五，克隆人可能因自己的特殊身份而产生心理缺陷，形成新的社会问题。

为了减轻“克隆疗法”在社会、伦理等方面的压力，英国科学家开展了“治疗性克隆”的研究。目前常用的克隆人类胚胎方法是，将病人体细胞的细胞核注入去核卵细胞中，使换核细胞像普通胚胎一样发育。几天后，从中取出干细胞（干细胞是指还没有分化的细胞），用于培养所需的人体组织。但使用这种方法，每治疗一个病人就会毁掉一个克隆胚胎。科学家采用的一种新方法则可以使换核细胞不再发育成胚胎，而是直接发育成所需的胚胎干细胞和组织。胚胎干细胞可以通过培养而大量获得，由此有望大大减少胚胎的使用数量。中国科学家也在进行“治疗性克隆”的研究。

利用人体细胞克隆人类早期胚胎，从中提取未经完全发育的干细胞，能培育出各种人体组织，如骨髓、脑细胞、心肌，甚至肝、肾等器官，它们可被用于治疗白血病、帕金森氏症、心脏病和器官衰竭等病症。这些组织与供克隆用的人体细胞具有相同的遗传特征，如果向提供细胞的病人移植这些组织器官，不会产生异体排斥反应，具有很高的医学价值。

山东中大动物胚胎工程中心的克隆牛刚到预产期，总畜牧师马世援教授想得最多的，已经是如何让克隆牛

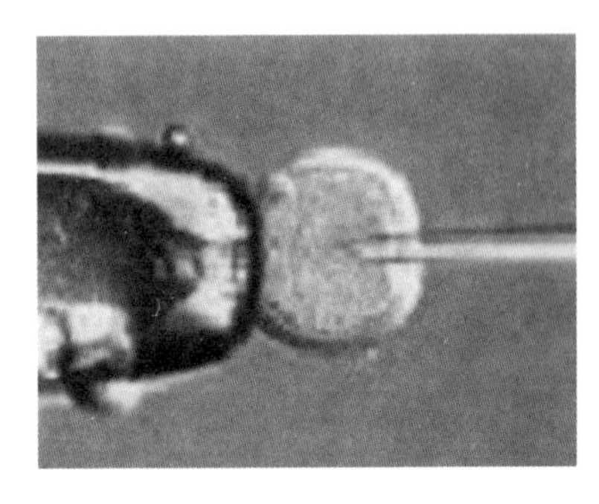
▲ 克隆技术

技术产业化了。据马教授介绍，克隆牛在生产中的应用价值非常大，拥有四大优点：第一，可以人为决定繁殖品质最优秀的牛。第二，可以控制性别，繁殖奶牛就克隆母的，避免了在以往奶牛生产中繁殖经济价值不高的公牛犊，仅这一项就使经济效益翻了一番。第三，高品质牛的克隆胚胎生产数量几乎不受限制，以往的胚胎生产技术要取决于母牛的超数排卵，一头母牛每年获得可用胚胎一般不超过20个。第四，生产原料的成本低，一块牛耳朵上可取下成千上万个纤维细胞，十年八载都够用了。制作克隆胚胎的药品虽然非常昂贵，但很少的培养液就可以生产出大量的克隆胚胎。几十万元的设备也可以使用几十年，再加上人员工资支出，一枚克隆胚胎的成本据估计不超过100元，而目前一枚冲卵胚胎的成本要近千元。现在我国的奶牛场进口一枚荷斯坦奶牛胚胎大约要2 500元，而一枚克隆的荷斯坦奶牛胚胎品质与进口的一模一样，成本同样不超过100元。显而易见，克隆技术的应用前景令人兴奋。

克隆技术的出现和发展为农业、医学和社会生活的各个方面提供了广阔的应用前景，但是针对克隆技术已经存在的过度发展和滥用，也引起了很多人的担忧。

以克隆来说，如果将高产奶牛的体细胞移植到普通牛里，出生后的克隆牛还是高产奶牛，这样人类就可以通过克隆技术来改变低产奶牛的局面。另外，克隆技术对人类自身也存在着相当大的应用前景。

目前，科学界把对人体的克隆分为治疗性克隆和生殖性克隆两种。治疗性克隆是指利用胚胎干细胞克隆人体器官，供医学研究和临床治疗，国际科学界和伦理学界对此普遍支持。但生殖性克隆，即我们通常所说的克隆完整的人，则遭到很大的抵制。因为体细胞克隆容易造成畸形、死胎、流产和胎儿过大等情况，而且克隆人未来的基因变异情况很难把握。我国政府已经表示：坚决反对克隆人，不支持任何生殖性克隆实验。

（邵先安）

长着人耳朵的小鼠——转基因动物

背上长着人耳朵的老鼠，是从上海空运来的。它背上的人耳朵和老鼠的身子一般大。这只老鼠的眼睛是红色的，身上没有毛。这种老鼠叫裸鼠，没有免疫力，所以不会对人耳朵产生“排异”反应。那只人耳朵是10多天前，由一位教授植入老鼠体内的。耳朵是此前一周开始制作的。先用一种高分子化学材料——聚羟基一酸做成人耳的模型支架，然后让细胞在这个支架上繁殖生长。最后支架会自行消解，耳朵便和老鼠长在一起了。

将人的耳朵移植到小鼠背上属于一门新兴的学科，即组织工程学。组织工程既是一门年轻的学科，也是一门交叉学科，其最终目的是利用生物支撑材料、细胞及信息分子在体外形成组织和器官。在今后的几十年中，组织工程将成为临床医学的一个重要组成部分，并可能会并列于目前的药物治疗方法。因此，组织工程已经成为继人类基因大规模测序完成后生命科学中最活跃的研究领域之一和科技竞争的焦点，国际性的产业化竞争热潮也已开始，掌握了其中的关键技术就获得了生命科学前沿技术的制高点。组织器官工程又称为再生医学，三要素为支撑材料、细胞和信息分子，利用成熟干细胞进行治疗，存在少数细胞在体内癌变的可能。面对如此严峻的形势，美国政府最近对组织工程在世界各国的发展状况进行了调查，旨在分析美国在该领域的地位、优势，并据此来调整、制订相关政策进行保护，调查结果表明美国无论是在基础研究还是应用研究都处在组织工程领域的首位。调查同时表明，与组织工程相关的公司数量的增加和规模的扩大都远高于其他行业，各国政府及广大公众对再生医学的兴趣也越来越浓。

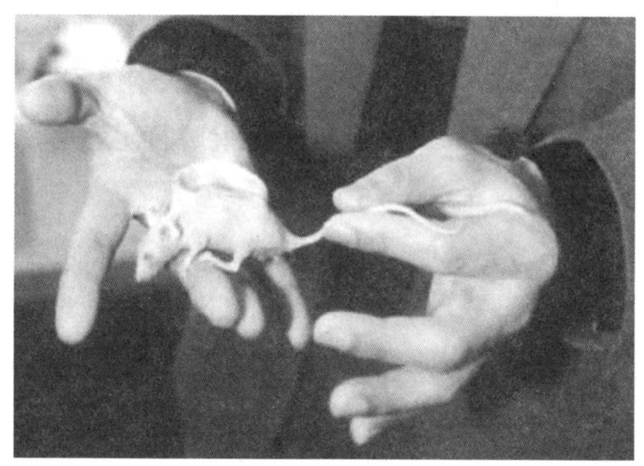

▲ 正常小鼠
▼ 长着人耳朵的小鼠

多细胞生物在高于细胞层次的自组装单位是组织，

它是由单一成分的一类或多类细胞组成的、具有完成特定功能和一定再生功能的集合体，如肌肉组织可以将化学能转变为机械能，神经纤维可进行信号的传递，血管负责物质的交换和运输等。组织工程或组织器官工程就是利用细胞的培养技术在体外人工控制细胞分化、增殖并生长成需要的组织，使之工程化批量产出，用来修补或修复由于意外损伤等引起的功能丧失的体内组织，满足临床和康复的需要，并有可能对一些尚没有根治办法的疾病如恶性肿瘤、糖尿病、心脏病、早老性痴呆症、帕金森氏症、中风和其他疾病提供解决方案。

组织工程的奠基人是麻省理工学院的尤金·贝尔（Eugene Bell）教授。在20世纪70年代末，尤金·贝尔的实验室就成功地在体外培养出了皮肤、血管等组织，由此，组织工程作为一门独立的学科而诞生。这一学科的应用领域直接与临床医学和人类健康密切相关，所以，国外开始倾向于称之为再生医学。

组织工程一词最早是在1987年美国科学基金会在华盛顿举办的生物工程小组会上提出，1988年正式定义为：应用生命科学和工程学的原理与技术，在正确认识哺乳动物的正常及病理两种状态下的组织结构与功能关系的基础上，研究和开发用于修复、维护、促进人体各种组织或器官损伤后的功能和形态的生物替代物的一门新兴学科。《组织工程学》的出版，标志着组织工程跨入了系统的学科性研究范畴。

组织工程研究主要包括四个方面：种子细胞、生物材料、构建组织和器官的方法与技术以及组织工程的临床应用。目前，临床上常用的组织修复途径大致有3种：即自体组织移植、异体组织移植或应用人工代用品。这三种方法都分别存在不足，如免疫排斥反应及供体不足等。组织工程的发展将从根本上解决组织和器官缺损所致的功能障碍或丧失治疗的问题。组织工程的核心是建立由细胞和生物材料构成的三维空间复合体，这与传统的二维结构（如细胞培养）有着本质的区别，其最大优点是可形成具有生命力的活体组织，对病损组织进行形态、结构和功能的重建并达到永久性替代；用最少的组织细胞通过在体外培养扩增后，进行大块组织缺损的修复；可按组织器官缺损情况任意塑形，达到完美的形态修复。

（邵先安）

帕金森氏综合征

帕金森综合征（Parkinson’s disease）是由除帕金森病（Parkinson’s disease）之外的其他特发性变性疾病、药物或外源性毒素引起基底节内多巴胺作用的丧失或受到干扰所致的中枢神经系统变性疾病。

帕金森病和帕金森综合征是既有联系又有区别的两类疾病。

帕金森病又称震颤麻痹，是中老年人最常见的中枢神经系统变性疾病之一。在原发的帕金森病中，黑质、蓝斑与其他脑干多巴胺能细胞群内有色素性神经元的丧失，会造成这些区域内出现多巴胺神经递质的耗竭，病因不明。

帕金森综合征常见病因有：中毒，如一氧化碳中毒，在北方煤气中毒较多见，病人多有中毒的急性病史，以后逐渐出现弥漫性脑损害的征象，包括全身强直和轻度的震颤；感染，脑炎后可出现本综合症，如甲型脑炎，多在痊愈后有数年潜伏期，逐渐出现严重而持久的 PD 综合征，其他脑炎，一般在急性期出现，但多数症状较轻、短暂；药物，服用抗精神病的药物如酚噻嗪类和丁酰类药物能产生类似帕金森病的症状，停药后可完全消失；脑动脉硬化，因脑动脉硬化导致脑干和基底节发生多发性腔隙性脑梗塞，影响到黑质多巴胺纹状体通路时可出现本综合征，但该类病人多伴有假性球麻痹、腱反射亢进、病理症阳性，常合并明显痴呆。

帕金森综合征的病理机制是由于上述这些原因造成的基底节内多巴胺作用的丧失或受到干扰。脑内一千多亿个神经细胞间的信息，是由化学递质作载体，通过突触间的特殊连接点来传递的。这些化学递质中，有一种类似荷尔蒙的物质，叫作多巴胺。当它保持一定量时，大脑就会正常运转。吋多巴胺和其他递质如何作用于神经系统的发现使卡尔森、格林加德、坎德尔获得 2000 年的诺贝尔医学奖。帕金森综合征以及原发的帕金森病病人的多巴胺水平是显著下降的。多巴胺减少后，乙酰胆碱相对增多，功能过强，就造成四肢收缩与放松关节的肌肉不协调，手脚不灵活，动作不协调。病人表现为肌张力增高、运动减少、不自主震颤三联症。在发病早期，这种震颤往往是手指或肢体处于某一特殊体位的时候出现，当变换一下姿势时消失。以后发展为仅于肢体静止时出现，例如在看电视时或者和别人谈话时，肢体突然出现不自主的颤抖，变换位置或运动时颤抖减轻或停止。震颤在病人情绪激动或精神紧张时加剧，睡眠中可完全消失。震颤的另一个特点是其节律性，震动的频率是每秒钟 4~7 次。

许多著名的人物患有帕金森氏综合征，如人们所熟悉的科学家陈景润。1984 年陈景润被自行车严重撞伤以后，1985 年有一回挤公共汽车，又被拥挤的人们挤到车身底下，当场摔昏过去，住进了医院。不久，他被检查出患了帕金森氏综合征。在他生命最后的十多年中，帕金森氏综合征一直困扰着他，令他长期卧病在床。邓小平、巴金等人也患有此病。

帕金森综合征的治疗总体上来说不容乐观，目前人们在尝试多种治疗方法。

药物治疗。左旋多巴是多巴胺的代谢前体，可以通过血脑屏障，进入基底节后经脱羧而成多巴胺，起着补充多巴胺神经递质缺乏的作用。虽然震颤也常有减轻，但动作过缓与僵直的改善最为显著。

体外刺激。华盛顿大学由神经科学者和神经外科医生组成的小组，利用一种新研发的刺激深部大脑的方法治疗疾病。该设备对大脑某个特定区域提供持续的、高频率的电子刺激，以此打乱大脑信号，使症状消失。

芯片植入。向病人颅内植入神经刺激仪功能的芯片，这枚芯片向病人的大脑发送电磁波以帮助停止身体的震颤，并减轻其他由帕金森氏综合征带来的负面影响。病人在清醒的时候开启这种先进仪器，在睡眠时必须关闭，否则大脑将始终保持兴奋状态而无法入睡。

干细胞移植。一项最新的研究表明，将未成熟的多巴胺能神经元植入帕金森病病人的大脑后，细胞可存活8年，并且能发育成正常的多巴胺神经元。过去也有报告认为，对左旋多巴治疗反应较好的帕金森病病人在胚胎干细胞植入后可能有更好的治疗结果。

细胞刀。通过测定细胞放电，精确定位颅内核团位置，利用立体定向原理将电极送到颅内核团部位进行烧灼，从而达到治疗疾病的目的。

（王　缨）

胆结石

胆结石是指胆囊内形成或存在结石（胆石）。

胆固醇是绝大多数胆结石的主要成分。胆汁中胆固醇的过度饱和是胆固醇结石形成的必要条件，但并不是唯一原因，其他决定胆结石形成的关键因素包括胆固醇单个化合物结晶形成的调节。在易形成结石的胆囊胆汁中，胆固醇呈过度饱和状态，而且胆固醇结晶的结晶过程也相对较快。所有胆结石都是在胆囊内形成的，在由胆汁淤积所致的胆囊管狭窄处后端和胆囊切除后的胆管内亦可形成结石。

胆囊内胆石形成可导致多种可能的临床后果。大多数病人可长期甚至终生无症状。结石通过胆囊管时可有阻塞症状，也可能没有。暂时性的胆囊管阻塞引起腹绞痛，而持续性阻塞则引起炎症和急性胆囊炎。

大部分肝外胆道疾病与胆结石有关。在美国，20% 的 65 岁以上的人患有胆结石。胆结石可能与多种因素有关。与生活习惯有关：如爱静不爱动、肥胖症、妊娠后期，因体力活动减少，腹壁松弛，内脏下垂，长期压迫胆管，使胆汁排泄不畅，胆囊肌张力减退，致胆汁逐渐淤积、浓缩、沉积而形成结石。据有关资料统计，体重超过正常标准 15% 以上者，患胆结石的可能性比正常人增加 5 倍。与胆囊的慢性炎症有关：胆囊黏膜因受浓缩的胆汁或返流的胰液刺激而发生炎症，其坏死脱落的黏膜和细菌、病毒等构成一个核心，促使胆固醇、胆红素沉积，久之形成结石。盲目节食减肥：不食早餐，喜食甜食、高脂肪类食物及长期服用某些药物，均可导致胆汁成分改变。胆汁易浓缩，胆固醇呈饱和状态，相互沉积而形成结石。英国医学家研究发现，90% 以上的胆结石病人都有吃甜食的习惯。另有报道大量节食和不食早餐者，4 个月内有 1/3 的人患结石。与某些物理因素有关：作胃手术易损伤支配胆囊运动的神经，使胆囊功能降低，胆汁淤积，久之形成结石。胆固醇的代谢失调：妊娠晚期或产后的妇女及高脂肪饮食或糖尿病病人，其血中胆固醇含量均增

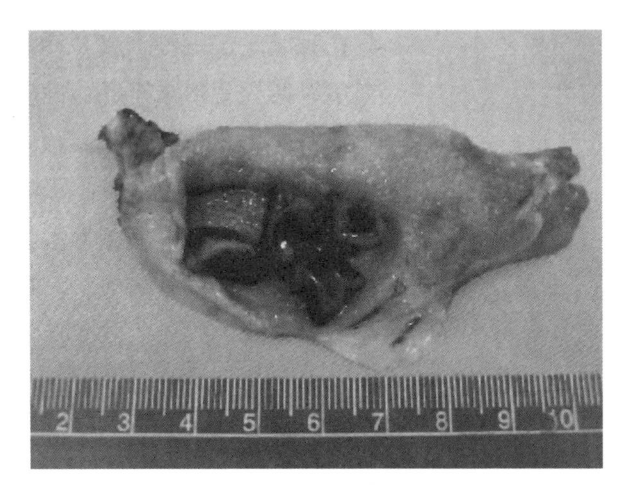

▲ 手术切除的胆囊及其结石

高，胆汁中胆固醇含量也增高。此时若胆汁淤积，胆盐减少，则极易形成结石。此外是有不良卫生习惯、感染肠道寄生虫者。因此，要预防胆结石的产生，日常生活中就要养成良好的生活习惯，不偏食，不盲目节食，平时应多吃新鲜蔬菜及姜葱类食物，少食高脂肪及油腻类食物，以促使胆汁流畅，促进胆固醇代谢，减少胆结石的形成。

胆结石极少漏诊，超声显像是诊断胆囊结石的方法，对有胆结石的病例做出阳性诊断率为98%，对无胆结石的病例做出阴性诊断为95%。

胆结石分为无症状胆结石和有症状胆结石。无症状胆结石可进一步观察或择期胆囊切除。有症状胆结石的症状表现为胆绞痛。胆绞痛的发作很不规则。有症状的病人发生并发症的危险性增加，应行胆囊切除术。胆囊切除有标准的开放性术式、腹腔镜下胆囊切除术等。除此之外，可口服胆酸药物溶石，但停药后胆结石易复发。

（王　缨）

常见症状

发热与寒颤：发热与胆囊炎症程度有关。坏疽性胆囊炎及化脓性胆囊炎可有寒战高烧。

胃肠道症状：胆囊结石急性发作时，继腹痛后常有恶心、呕吐等胃肠道反应。呕吐物多为胃内容物，呕吐后腹痛无明显缓解。急性发作后常有厌油腻食物、腹胀和消化不良等症状。

黄疸：部分胆囊结石患者可以出现一过性黄疸，多在剧烈腹痛之后，且黄疸较轻。胆囊结石伴胆管炎，肿大胆囊压迫胆总管，引起部分梗阻，或由于感染引起肝细胞一过性损害等，都可造成黄疸。表现为眼睛巩膜颜色变黄。

腹痛：腹痛是胆囊结石主要临床表现之一。胆囊结石发作时多有典型的胆绞痛。其特点为上腹或右上腹阵发性痉挛性疼痛，伴有渐进性加重，常向右肩背放射。由于胆囊管被结石梗阻，使胆囊内压升高，胆囊平滑肌收缩及痉挛，并企图将胆石排出而发生剧烈的胆绞痛。

90% 以上胆绞痛为突然发作，常发生在饱餐、过度劳累或剧烈运动后。平卧时结石容易坠入胆囊管，部分病人可以在夜间突然发病。除剧烈疼痛外，常有坐卧不安，甚至辗转反侧、心烦意乱、大汗淋漓、面色苍白等表现。每次发作可持续 10 分钟至数小时，如此发作往往需经数日才能缓解。疼痛缓解或消失表明结石退入胆囊，此时其他症状随之消失。

美国科研人员研究发现，50 岁左右的妇女吃甜食过多，会导致发生胆结石：过量的糖会增加胰岛素的分泌，造成胆汁内胆固醇、胆汁酸和卵磷脂三者比例关系严重失调。

尿毒症

尿毒症是肾功能衰竭晚期所发生的一系列症状的总称。进入晚期尿毒症阶段后，全身系统都会受累，出现心力衰竭、精神异常、昏迷等严重情况，并危及生命。据统计，我国每年死于尿毒症者约占人口的万分之一。过去认为尿毒症是不治之症，开展透析方法及肾移植手术后，尿毒症病人的寿命已得到明显延长。

尿毒症由肾功能衰竭（肾衰）引起。肾衰由进行性肾单位功能丧失，出现肾功能不全而发生。这可以由肾脏本身疾病引起，也可由于心力衰竭、休克或其他原因引起血压下降，肾灌注不足引起，称为肾前性肾衰。而肾后性肾功能衰竭的主要原因是尿路梗阻和尿液反流。肾衰又可分为急性肾功能衰竭和慢性肾功能衰竭。急性肾功能衰竭是指由于各种原因引起的严重肾功能损害或者丧失。它可以迅速出现，甚至几小时内发生，少尿和无尿可以很快出现。各种致病因素引起肾功能减退，血尿素氮逐渐增高，体内水和代谢产生的毒物不断蓄积，导致人体内环境改变，各种生化过程紊乱，各种临床症状表现出来。

慢性肾衰的原因有多种。肾小球肾炎：免疫复合物引起各种病理生理改变导致肾小球肾炎，最后引起肾功能衰竭。间质性肾炎：肾小管萎缩、纤维化、瘢痕化导致肾小球血液供应减少和肾功能减退。止痛剂引起的肾病、痛风性肾病和抗生素及其他肾毒性药物引起的肾病都属于间质性肾炎。糖尿病性肾病：病程长的糖尿病病人，一部分人可出现肾脏并发症。出现肾脏病的糖尿病病人，大约一半在 5 年后发生肾功能衰竭。多囊肾：多囊肾是一种先天性疾患。病理检查可见发育缺陷的充水小囊。严重高血压：严重高血压可引起肾小动脉硬化、肾血流量减少、肾功能损伤。下尿路梗阻：下尿路引流不畅，如前列腺良性肥大，或者某种解剖上的缺陷引起尿液返流，引起肾盂、肾盏扩张，称肾积水，压迫正常肾组织，引起肾功能衰竭。

尿毒症常见症状有食欲消失、感觉迟钝、情感淡漠、嗜睡、尿量减少、颜面和下肢水肿、贫血、皮肤瘙痒、肌肉痉挛，有时可能辗转不安，甚至出现癫痫。尿毒症症状可以缓慢发生，长期隐蔽而不被发现。急性肾功能衰竭可以在几天内发生，出现明显尿毒症症状。尿毒症综合征可以是多种多样的，也不一定是所有的症状均表现出来。

尿毒症时体内代谢废物蓄积可以累及身体很多系统，造成代谢紊乱。糖代谢紊乱：尿毒症病人的高血糖主要是细胞对胰岛素敏感性降低。蛋白质代谢障碍：蛋白质代谢产生含氮废物，由于排不出体外，在体内蓄积，血尿素氮增高。脂肪代谢异常：已知多数透析病人，血中甘油三酯和游离脂肪酸水平增高，血胆固醇和磷脂一般正常。

尿毒症对心血管系统的影响是巨大的。可以导致尿毒症心包炎；尿毒症性心肌炎；心律失常：心律失常通常与钾的失衡有关；转移性心肌钙化：在一些长期高血磷病人中，心肌发生转移性钙化并使一部分心肌纤维丧失功能，而出现频繁的心律失常；高血压：高血压是慢性肾小球肾炎的常见症状，可以通过严格的水、钠控制来预防和控制高血压，但很多病人血压控制不住，需要用降压药物，肾移植是治疗尿毒症顽固性高血压的理想方法。

尿毒症的治疗方法包括透析和肾脏移植。透析又分为血液透析和腹膜透析。血液透析是将病人的血液与透析液同时引入透析器膜的两侧，通过半透膜清除血液中的代谢废物、纠正电解质和酸碱失衡，并清除体内多余的水分。血液透析可以部分地替代肾脏功能，是目前广泛应用的尿毒症治疗方法之一。腹膜透析应用人体自身的腹膜作为透析膜进行血液净化。将透析液引入病人腹腔，血液中的毒素和多余水分通过腹膜进入腹腔中的透析液然后排出体外；定时或不断更换腹腔中的透析液，以达到净化血液的目的。

尿毒症的另一种治疗方法是肾移植。将他人的肾脏通过手术植入尿毒症病人的体内，使其发挥功能。植入的肾脏可以完全地替代肾脏功能，是尿毒症疗法中疗效最好、长期费用最低的治疗方法，也是目前公认的最好的尿毒症治疗手段。

除透析和肾脏移植之外，尿毒症病人还需要注意合理的低蛋白和低磷饮食方案。低蛋白饮食或加用必需氨基酸（EAA）或酮酸（KA）可使慢性肾衰病人的肾小球高滤过状态减轻，有助于延缓慢性肾衰的进展。低磷饮食主要目的是控制高磷血症，必要时可服用磷结合剂，高磷血症的纠正可减轻甲状旁腺功能亢进，减缓肾单位的损害。尿毒症病人还需要同时控制全身性和肾小球性高血压。全身性高血压的治疗主要是合理使用降压药；控制肾小球内高压则需要采取低磷低蛋白饮食、控制血压和使用血管紧张素转换酶抑制剂（ACEI）等综合治疗措施。尿毒症病人还需要同时纠正脂质代谢紊乱，掌握适当的脂肪摄入量，且不饱和脂肪酸的摄入量应多于饱和脂肪酸的量，必要时还可服用降脂药。

（王　缨）

抑郁症

什么是抑郁症？广义的抑郁症包括情感性精神病、抑郁性神经症、反应性抑郁症、更年期抑郁症等；狭义的则仅指情感性精神病抑郁症。无论是广义的，还是狭义的抑郁症，这是一种预后良好的精神疾病，也就是说该疾病能完全治好，好了之后也不会有后遗症。不过，情感性精神病的抑郁症有反复发作的可能。

抑郁症的发病率很高，但现在对它的发病原因仍不十分清楚，可能与社会心理因素、遗传、人体的生化变化及神经内分泌等有关。其中，遗传因素很重要，研究表明：家族中有患病者的人群发病率是一般人群的10~30倍。血缘关系越近，患病概率越高。女性的患病率是男性的2倍，其中的原因目前仍然不清楚。心理学研究提示，女性对灾难的反应往往是转向内心进行自我责备，相反，男性对灾难常采取否认的态度，而使自己投入实际行动。在生物学病因方面，最相关的一个致病因素可能是激素的代谢。有些妇女在月经前（经前期紧张）和分娩后（产后抑郁），易出现抑郁。激素水平的改变亦可以对心境产生明显短暂的影响。甲状腺功能异常，在女性中比较常见，也可能是一个致病因素。国内的临床实践发现，抑郁症亦多见于社会层次高、经济条件好，及处于激烈竞争状态中的人。如著名的艺人张国荣患有抑郁症，并于 2003 年 4 月 1 日晚间从香港中环文华酒店 16 楼坠楼身亡，终年 46 岁。

很多人对抑郁症不陌生，但抑郁症与一般的“不高兴”有着本质区别，它有明显的特征，综合起来有三大主要症状，就是情绪低落、思维迟缓和运动抑制。情绪低落就是高兴不起来、总是忧愁伤感甚至悲观绝望。思维迟缓就是自觉脑子不好使，记不住事，思考问题困难。病人觉得脑子空空、变笨了。运动抑制就是不爱活动、浑身发懒、走路缓慢、言语少等。

抑郁症表现多种多样，具备以上典型症状的病人并不多见。很多病人只具备其中的一点或两点，严重程度也因人而异。心情压抑、焦虑、兴趣丧失、精力不足、悲观失望、自我评价过低等，都是抑郁症的常见症状，有时很难与一般的短时间的心情不好区分开来。但是抑郁症有所谓昼重夜轻的节律变化，即如果上述的不适早晨起来严重，下午或晚上有部分缓解，那么患抑郁症的可能性就比较大了。

抑郁症还有躯体症状。躯体症状是相对精神症状而言，就是身体感到不适。抑郁症虽说是精神疾病，但很多病人都有身体不适，如口干、便秘、食欲减退、消化不良、心悸、气短胸闷等。这些病人往往就诊于综合医院的一般门诊，各项化验检查显示正常。据估计，因为躯体疾病看医生的病人当中，估计有10%的人实际上是抑郁的问题。如果感到身体不适，又查不到其他器质性疾病，建议到专科医院就诊，也许精神科医生会对其有帮助。

大约有15%的病人抑郁比较严重，可以出现妄想（病态的信念）或幻觉，看见或听见不存在的东西；认为自己犯下了不可饶恕的罪恶，听见有声音控诉自己的不良行为或谴责自己，让自己去死。有个别病人幻想自己看见了棺材或已去世的亲人。由于缺乏安全感和无价值感，病人认为自己已被监视和迫害。这种伴有妄想的抑郁叫作精神病性抑郁症。自杀念头是一种最严重的抑郁症状，很多病人想结束自己生命或觉得自己无价值，应该去死。并且，由于病人思维逻辑基本正常，实施自杀的成功率也较高。自杀是抑郁症最危险的症状之一。据研究，抑郁症病人的自杀率比一般人群高20倍，大约有15%的严重病例会出现自杀行为。社会自杀人群中可能有一半以上是抑郁症病人。有些不明原因的自杀者可能生前已患有严重的抑郁症，只不过没被及时发现罢了。由于自杀是在疾病发展到一定的严重程度时才发生的，所以及早发现疾病，及早治疗，对抑郁症的病人非常重要，不要等病人已经自杀了，才想到他可能患了抑郁症。病人一旦出现自杀计划就说明情况危急，必须送进医院治疗，并要在医护人员的严密监护下，直至通过有效治疗，降低自杀的风险。

抑郁症如果不经治疗，可能要持续 6 个月以上，虽然很多人可留有轻微症状，但社会功能基本能够恢复正常。大多数病人会出现反复发作，平均一生中要发作 4~5 次。

通常抑郁症以药物治疗为主，其他还有心理治疗和电休克治疗。药物治疗中有几种抗抑郁药可供选择，如三环类抗抑郁药、选择性 5- 羟色胺再摄取抑制剂、单胺氧化酶抑制剂和精神兴奋剂等，但这些药物必须服用数周后才可能显效。大约 65% 的病人经药物治疗可以取得明显效果。心理治疗和抗抑郁药的联合应用，可以提高治疗效果。个体心理治疗有助于病人恢复以前的社会功能，适应日常的生活压力，巩固药物治疗的效果；通过人际关系治疗，病人可以获得支持和指导，从而良好地适应生活环境的改变；认知治疗有助于改变病人的失望和负性思维。电休克治疗常用来治疗重型抑郁，尤其是伴有精神病症状、存在自杀企图或拒绝进食的病人。不像抗抑郁药需要服用数周才能发挥作用，电休克疗法效果明显，起效快，因而可以及时挽救病人的生命。

（王　缨）

高血压

高血压指体循环动脉血压增高，是一种常见的临床综合征。

高血压常伴有心脑、肾等器官功能或器质改变为特征的全身性疾病，该病可由多种发病因素和复杂的发病机制所致，中枢神经系统功能失调，体液内分泌遗传，肾脑血管压力感受器的功能异常，以及细胞膜离子转运异常等均可导致高血压病。高血压主要是由于人体高级神经活动障碍引起大脑皮层及皮层下血管运动神经系统的调节障碍，导致全身小动脉痉挛，产生动脉压增高而起。继而肾血管痉挛而造成肾缺血，引起一系列体液变化，人体内分泌液参与这一复杂的反应过程，造成全身内分泌液的减少和流失，从而逐渐促成全身小动脉的硬化。这些病变部位又可向大脑皮层发出病理性冲动，使皮层功能紊乱，形成恶性循环，导致疾病逐步加重的过程。

世界卫生组织建议使用的高血压诊断标准是：正常成人血压——收缩压 18.66 千帕或以下，舒张压（以声音消失为准）11.99 千帕或以下。高血压（成人）——收缩压 21.33 千帕或以上，和（或）舒张压 12.66 千帕或以上。临界性高血压介于血压值在上述正常与高血压之间。凡血压持续增高达到高血压标准，而又可排除继发性高血压者，即可诊断为高血压病。对初次发现血压高的病人，宜多次复查血压特别是非同日血压，以免将精神紧张、情绪激动或体力活动所引起的暂时性血压增高，误诊为早期高血压。对有疑问的病人，宜经一段时间观察后再下结论为妥。

临床一般将缓进型高血压划分为三期，有助于掌握病情的发展和制定合理的防治措施。第一期：血压达到确诊高血压水平，临床无心、脑、肾并发症。第二期：血压达到确诊高血压水平，并有下列一项者：体检、X 线、心电图或超声检查有左心室肥大；眼底动脉普遍或局部变细；蛋白尿和血浆肌酐浓度轻度升高。第三期：血压达到确诊高血压水平，并有下列一项者：脑出血或高血压脑病；左心衰竭；肾功能衰竭；眼底出血或渗出，视神经乳头水肿可有可无。鉴别诊断需考虑：急、慢性肾炎；慢性肾盂肾炎；嗜铬细胞瘤；原发性醛固酮增多症；肾血管性高血压。

高血压的预防是关键，包括三级预防：

一级预防。就是对尚未发生高血压的个体或人群所采取的一些预防措施，预防或延缓高血压的发生，其方法有以下几个方面：①限盐。高钠可造成体内钠水潴留，导致血管平滑肌细胞肿胀，管腔变细，血管阻力增加，同时使血容量增加，加重心脏和肾脏负担，从而使血压增高。所以，应限制钠盐的摄入量。世界卫生组织建议，每人每天食盐的摄入量应在5克以下，而我国人群每日平均摄盐（包括所有食物中所含的钠折合成盐）为7~20克，明显高于世界卫生组织的建议。要大力宣传高盐饮食的危害，改变人们长期嗜盐的不良习惯。具体方法是逐步减少烹调用盐，少食腌制食品，用盐的代用品或用醋、糖、辣椒等其他调料来增加味道。②补钾。补钾有利于排钠，可降低交感神经的升压反应，并且有稳定和改善压力感受器的功能，故应注意补钾。我国传统的烹调方法常使钾随之丢失，所以，应提倡多食新鲜蔬菜、水果，如菠菜、香蕉、橘子等含钾较多的食品。③增加优质蛋白质。优质蛋白质一般指动物蛋白质和豆类蛋白质。目前研究表明，蛋白质的质量和高血压脑卒中发病率高低有关。而我国人群蛋白质摄入量基本上接近正常，但质量不好，主要是必需的氨基酸含量较低，所以，应增加膳食中的优质蛋白质。④补钙。钙与血压的关系，是10多年来人们研究的重点，多数研究报告认为，膳食中钙不足可使血压升高。原因是钙有膜稳定作用，提高了膜的兴奋阈，使血管不易收缩。钙还可对钙泵和细胞内的钠离子、钾离子浓度起调节作用，防止血压上升，应注意补钙。补钙的方法，主要是进食动物性食品，尤其是奶制品，其次是增加豆制品和新鲜蔬菜的量。⑤减肥。肥胖的主要原因是进食量多和缺乏运动，多余的热量就以脂肪的形式储存在体内。体重超过标准体重的 20% 以上时，就称为肥胖。肥胖通过高胰岛素血症，可致钠水潴留，引起高血压，而控制主食谷类的进食量，增加活动量，使体重减轻后，可使胰岛素水平和去甲肾上腺素水平下降，进而使血压下降。⑥戒烟。吸烟对人体的危害甚多，尤其是可通过损伤动脉血管内皮细胞，产生血管痉挛等机制，导致血压增高。而且在高血压病人中，吸烟能降低抗高血压治疗对冠心病的预防作用，因此，要以坚强的意志戒烟。⑦戒酒。酒精可导致血管对多种升压物质的敏感性增加，使血压升高，我们提倡完全戒酒，至少不饮烈性酒。对有高血压危险因素的人更应戒酒。

二级预防。是指对已发生高血压的病人采取措施，预防高血压病情进一步发展和并发症的发生。其具体措施是：一定要落实一级预防的措施；进行系统正规的抗高血压治疗。通过降压治疗使血压降至正常范围内。高血压病人的血压控制到何种程度适宜，一般认为，对已有心脑并发症的病人，血压不宜降得过低，舒张压以 11.47~12.0 千帕（86~90 毫米汞柱）为宜，收缩压约 18.67 千帕（140 毫米汞柱），不然病情可能加重。对于没有心脑并发症者，可以降得稍低一些。要保护靶器官免受损害。不同的降压药物虽然都能使血压降到同样的水平，但它们对靶器官的影响却不同，如血管紧张素转换酶抑制剂和 β 受体阻滞剂等，在降压的同时能逆转左心室肥厚，其他降压药物就不具备这种功能。同时，钙拮抗剂心痛定在治疗冠心病时，可使心肌梗塞复发率增加，而异搏定则使之减少；噻嗪类利尿剂，在降压时可引起低血钾症和低血钠症以及低密度脂蛋白、甘油三酯水平升高和高密度脂蛋白降低，这些副作用均对心脏不利。要兼顾其他危险因素的治疗。高血压的二级预防本身就是动脉粥样硬化、脑卒中、冠心病的一级预防，而许多其他危险因素的并存，能使冠心病的发病成倍增长，因此，兼顾了控制吸烟、减少饮酒、控制体重、适当运动、保持心理平衡等综合治疗，才能取得最佳效果。选用比较好的测压方法，即在血压高峰时测压，以确保血压真正地降至正常。

三级预防。实际上是指重度高血压的抢救，是指对高血压病人出现严重并发症如急性心衰、脑中风等情况时，及时进行处理，控制病情发展，抢救病人生命，降低死亡率，也包括病情稳定后的康复治疗。要做好高血压的三级预防需注意以下问题：医生与病人亲属密切配合；对重度高血压病人应进行严密观察；做到对高血压严重并发症及早发现，及时处理和抢救；对出现严重并发病的高血压病人，应尽早明确诊断，及时采取强有力的针对性治疗措施，控制病情发展；严重并发症的高血压病人病情稳定后，应进行全面的康复治疗，以改善预后，提高病人的生活质量。

高血压的发生、发展与高级神经大脑皮层活动障碍密切相关，除过度的脑力劳动或精神紧张之外，种种的心理因素，如心理不平衡、过度紧迫感、情绪不稳定、容易激动等，均是大脑皮层功能紊乱而引起本病发生的主要原因。此外，遗传、肥胖、寒冷，摄取过多食盐、动物食品也是造成此病发生的不可忽视的因素。

（洪晓武）

肥胖与冠心病

判定肥胖的标准最常用的计算公式是：标准体重（千克）=［身高（厘米）–100］×0.9，或者标准体重（千克）= 身高（厘米）–105。体重超过标准体重 10% 就是超重，超过 20% 就是肥胖。体重指数的计算方法是，体重指数 = 体重（千克）÷［身高（厘米）］^{2}。体重指数大于等于 24 就是超重，大于等于 30 就是肥胖。

人体脂肪含量的百分比，通过核素法、密度法（水下积重、体积描述）、电传导法、影像学方法等都可以测量出来。正常值是，男性 10%~20%，女性 15%~25%，男性 > 25%，女性 > 30%，就是肥胖。脂肪分布的指标一是腰臀比，沿肚脐平面测量的腰围与沿股骨粗隆测量的臀围之比，女性小于 0.8，男性小于 0.9，大于此值的就可以断定为中心性肥胖。另外，还可用 CT 等测量脂肪分布的面积，内脏脂肪面积与皮下脂肪面积的比值，大于等于 0.4 是内脏性肥胖，小于 0.4 是皮下脂肪性肥胖。

现在世界上肥胖人口的比例越来越高，我国也不例外。美国肥胖者占人口总数 20% 多，超重者占 50% 多；英国肥胖者占人口总数近 20%，超重者占近 40%；法国肥胖者占人口总数近 10%，超重者占 30%；突尼斯肥胖者占人口总数 10% 以上，超重者占 30% 以上；印度肥胖者占人口总数很低，超重人数不到 10%。

肥胖的女性在英、法、美的比例是很高的。在英国，超重男性近 45%，超重女性在 30% 以上，肥胖男性在 10% 以上，肥胖女性近 15%；在法国，超重男性达 30%，超重女性达 20%，肥胖男性达 5%，肥胖女性在 5% 以上；在意大利，超重男性达 30%，超重女性在 25% 以上，肥胖男性和肥胖女性都近 10%。

在 1996~2001 年的 6 年间，我国儿童、成人肥胖发病率从 3% 左右上升到 7% 左右，北京地区儿童从 8% 左右上升到 17% 左右，成年男性从 12% 左右上升到 18% 左右，成年女性从 14% 左右上升到 18% 左右。我国肥胖症正在年轻化，女性比男性增长快，全国平均儿童肥胖症也很严重。

肥胖的病因有很多，有遗传因素、内分泌功能紊乱、精神神经因素、物质代谢异常、多食少动的生活方式以及其他的因素。肥胖有单纯性肥胖和继发性肥胖两种，我国单纯性肥胖占 95%，继发性肥胖占 5%。单纯性肥胖中又分为遗传性肥胖和获得性肥胖，继发性肥胖又分为药源性肥胖、甲状腺功能低下、多囊卵巢综合征、胰源性肥胖以及其他原因引起的肥胖。

▲ 肥胖是心血管疾病的重要诱因

肥胖和冠心病有很大关系，第一，超重者明显增加心绞痛、心肌梗塞及冠心病死亡的危险性；第二，有专家研究证明，在 5 000 例 26 年的长期随访超重者中，校正年龄、血压等因素后发现，肥胖是冠心病的独立危险因素；第三，在 5 260 例的（男女人数各一半）长期随访中发现，随着体重指数的增加，冠心病的发病率也随着增高，特别是小于 50 岁者；第四，脂肪在体内的分布与冠状狭窄的程度相关，越肥胖冠状狭窄的程度越厉害，血液中的脂肪能在冠状中形成血栓，造成心肌梗死；第五，接受搭桥手术的肥胖病人，术后并发症如伤口感染、伤口破裂出血等都有所增加，影响远期治愈，住院时间长，花费相对增加；第六，肥胖者搭桥手术的死亡相对危险性是体重正常者的 7.4 倍。肥胖造成心脏功能及结构的改变，由于体重增加后，心脏的循环血量和输出量都要增长，循环阻力降低，左心室壁张力增加，左心室肥大及舒张与收缩力受损，最后引起充血性心力衰竭。另外，肥胖者容易睡眠呼吸暂停，造成肺动脉高压，进而形成右心室肥厚，同样对心脏有影响。

怎样预防肥胖合并冠心病呢？一是要去除诱发心脏病的精神因素，缓解抑郁状态，降低心理负荷，防止肥胖相关的糖尿病、血压高等疾病的发生。二是不同的冠心病类型要采取不同的活动方式和活动量。急性心肌梗塞禁止活动，心绞痛的稳定期与活动期要区别对待，什么时间运动、怎么运动、运动量多大要听医嘱。现在国外提倡运动处方，我们也在做这项工作。三是控制饮食。有人提倡每天都吃水果和蔬菜，这不完全好，因为水果和蔬菜中的蛋白质和糖不能维持一个人的正常活动，肥胖者如何控制饮食，应该听医生的。毅力控制饮食是非常重要的，饥饿的时候美食的诱惑是非常大的，在这种情况下能控制饮食，才是最大的本事。我们曾经建议病人，在饭前吃一碗水煮白菜，或水煮菠菜，放一滴香油，加一点点盐，肚子吃饱了，受到的诱惑就小了。四是减肥的药物治疗。在减肥的某一阶段，听医嘱用药物减肥是必需的，但是不宜自己随便吃药。五是积极控制冠心病发病的危险因素。除戒烟酒外，还要控制血脂、血压、糖尿病，去除引起继发性肥胖病的原因，这对腹型肥胖非常重要。

（洪晓武）

老年痴呆

老年痴呆是指老年期出现的器质性脑损害导致的不可逆的智能缺失和社会适应能力降低。主要表现为：在智能方面出现抽象思维能力丧失、推理判断与计划不足、注意力缺失；在人格方面出现兴趣与始动性丧失、迟钝或难以抑制、社会行为不端、不拘小节；在记忆方面出现遗忘，地形、视觉与空间定向力差；在言语认知方面出现说话不流利，综合能力缺失。目前，老年性痴呆的患病人数在我国呈上升趋势。老年痴呆症继心血管病、脑血管病和癌症之后，成了老人健康的“第四大杀手”。

老年痴呆根据其病因主要分为脑变性疾病引起的痴呆——阿尔茨海默病性痴呆、脑血管病引起的痴呆、混合型痴呆三大类。阿尔茨海默病性痴呆是一种发生在老年期或老年前期的慢性、进行性痴呆。主要的病理变化是大脑皮质广泛的、弥漫性萎缩，即脑变性。血管性痴呆是指各种原因引起的脑血管供血障碍所致的痴呆。混合性痴呆指同时存在有老年痴呆和血管性痴呆的症状，有时鉴别很困难。

老年性痴呆症主要发生于65岁以上的老人，本病女性多于男性（约1.5~2∶1）。起病多缓，难以确定病期，待痴呆明显而就诊时，常已在发病后一至二年半以上。临床主要表现为智力衰退，如短期内出现思维迟缓、情绪不易控制、注意力不集中，逐渐便出现恶性型遗忘、定向障碍、联想困难、理解力减退、判断力差；另外，症状还有行为改变、情感障碍、认识能力全部丧失、外貌改变。多数学者根据临床症状将本病分为四型：单纯型：最常见，以上述痴呆症状为主；抑郁症：常表现为对自己身体过分关心，而情绪低落；躁狂—夸大型或称早发型（prsyophrenia）：言语初为冗长，夸夸其谈，情绪兴奋，常伴虚构与夸大，但晚期可转为内容贫乏与重复，最终只能讲些单调而令人费解的单字；幻觉妄想型：Paxa л bcknn称半数以上的本病病人具有各种妄想，最多见者为继发于记忆缺损的损失妄想，其次为嫉妒、疑病、影响、被害、夸大及诉讼等妄想，大多数妄想不固定，内容贫乏，或为片断，但尚接近现实。早期病人一般可在综合性大医院的神经内科治疗，早期发现、尽早到医院专科接受系统治疗可延缓和改善病情的发展；如果到了晚期，任何治疗都收效甚微。但此病病人一经发现，绝大多数都已是晚期。晚期老年痴呆病人生活自理能力较差，并容易出现走失、伤人或自伤等事故，常常令家属苦不堪言。

目前，尚无肯定的十分有效或治愈的方法，常用的药物主要分为二类：1. 增加脑内胆碱能神经系统功能，主要为胆碱酯酶抑制剂和 M- 胆碱受体激动剂。2. 作用于神经传递系统的细胞保护剂，以延缓脑神经元变性过程。

除了治疗，此类病人的日常护理十分重要。周围的人，尤其是亲属子女要对老年痴呆病人给予充分的理解、谅解，尽可能给老年人创造安静、舒适并为病人所熟悉的生活环境，尽量保持与社会的接触，防止处于孤独封闭的状态，尽可能多地让老年人参加一些适合他们的社会活动，注意对他们倾注同情和关怀，衣食住行安排要舒适。设法帮助病人使其生活具有规律，按时起床洗漱、吃饭、午睡，还应让他们干一些力所能及的家务活，让病人“记住”自己该干些什么事情。特别要注意避免昼夜颠倒，白天睡觉，晚上反而精神兴奋不寐，这样既会影响家人和邻里休息，又会由于缺乏人照管而出事。设法帮助病人多动脑筋，强化记忆。用进废退的规律对人脑也是适用的，脑子是越用越灵，不用则退化。病人对特别感兴趣的事物往往印象较深，所以可以根据病人的具体情况，常给他听年轻时最喜欢听的音乐，看他年轻时最喜欢看的电影，讲述他最感兴趣的往事，逐渐强化他对以往的记忆，以维持大脑的活动能力。要常常给他提起亲友的情况，亲友若能经常探望老人并与他攀谈，能刺激他的记忆欲望。对常服的药，要标记明确，使他不易搞错，不能弄错的重要药品最好由别人保管。要让病人牢记家中住址，不要让病人单独外出，以避免走失。

（高海峰）

知识链接

疾病病因

（阿尔茨海默病）是一组病因未明的原发性退行性脑变性疾病。多起病于老年期，潜隐起病，病程缓慢且不可逆，临床上以智能损害为主。病理改变主要为皮质弥漫性萎缩，沟回增宽，脑室扩大，神经元大量减少，并可见老年斑，神经原纤维结等病变，胆碱乙酰化酶及乙酰胆碱含量显著减少。起病在65岁以前者旧称老年前期痴呆，或早老性痴呆，多有同病家族史，病情发展较快，颞叶及顶叶病变较显著，常有失语和失用。

阿尔茨海默病主要表现为脑细胞的广泛死亡，特别是基底节区的脑细胞。在正常情况下，基底节区发出的纤维投射到大脑与记忆和认知有关的皮质，它释放乙酰胆碱。短期记忆的形成必须有乙酰胆碱的参与，患者与正常人相比，乙酰胆碱转移酶的含量比正常人减少90%。经解剖发现，患者脑中有广泛的神经元纤维缠结，轴突缠结形成老年斑。老年斑中含有坏死的神经细胞碎片、铝、异常的蛋白片段（包括淀粉样前蛋白的片段）。

乙型肝炎

乙型病毒性肝炎（简称乙型肝炎）是由乙型肝炎病毒（简称乙肝病毒）引起的肝脏炎性损害，是我国当前流行最广泛、危害最严重的一种传染病。经济发展的水平较低，卫生条件比较差是本病流行的基础。本病遍及全球，乙肝表面抗原（澳抗）携带率，热带地区高于温带，男性高于女性，在未经免疫预防的国家里，儿童携带率高于成人，城市常高于农村。传染源主要是病人及乙肝病毒无症状携带者，血液、性接触和生活密切接触都是传播的重要方式。易感者感染乙肝病毒后约经 3 个月（6 周至 6 个月）发病。临床表现为乏力、食欲减退、恶心、呕吐、厌油、腹泻及腹胀，部分病例有发热、黄疸症状，约有半数病人起病隐匿，在体检中发现肝功能异常，血清乙肝表面抗原、乙肝病毒脱氧核糖核酸、乙肝病毒免疫球蛋白M、脱氧核糖核酸聚合酶均为阳性。大部分乙型肝炎在急性期经治后能痊愈，很多病例病程迁延或转为慢性，其中一部分可发展为肝炎后肝硬变甚至肝癌；极少数病例病程发展迅猛，肝细胞出现大片坏死，成为重型肝炎；另有一些感染者则成为无症状的病毒携带者。

1970年丹娜发现了乙型肝炎完整的病毒颗粒，称Dane（丹氏）颗粒，为DNA（脱氧核糖核酸）病毒。乙肝病毒在电镜下有三种颗粒：大球形颗粒，直径42纳米；小球形颗粒，直径22纳米；管形颗粒，直径22纳米，长200~400纳米，断裂后可形成小球形颗粒。完整的乙肝病毒颗粒（丹氏颗粒）是由双层外壳和一个核心组成的，核心直径为27纳米，内含DNA双链和DNA多聚酶。核心外面被覆核衣壳，厚约7纳米，最外面是由病毒蛋白组成的外壳。肝炎病毒和细菌不一样，不能用分裂的方式进行繁殖。乙肝病毒进入感染的肝细胞后立即开始裂解，它先按照自己的遗传基因复制成许多病毒“零件”：在细胞核内复制病毒的含有DNA和多聚酶的核心。在胞浆内复制病毒的外壳，然后再将二者组装成新的病毒。在复制过程中，外壳的数量总比核心多，过剩的病毒外壳就释入血中，以小球形或管形颗粒的形式存在于血液循环中。此即在血清中查到的表面抗原。

乙型肝炎是感染了乙型肝炎病毒（简称乙肝病毒，HBV）而引起机体以肝脏为主的全身性疾病。乙型肝炎病人和无症状乙肝病毒携带者是其传染源。由于大多数人群对乙肝病毒普遍易感，我国存在着为数众多（约占10.09%）的乙肝表面抗原（HBs-Ag）携带者，所以乙型肝炎已成为严重的公共卫生与社会问题。乙型肝炎的传播途径较广，常见的有：

母婴传播：指母亲在妊娠期或围产期携带的乙肝病毒经胎盘、产道或其他方式传给下一代的过程。

经血传播：只要输注入体内极微量含有乙肝病毒的血（0.000 04 毫升），就会造成感染。各种锐器如注射器、针头、针灸针、刮面刀等，只要沾有乙型肝炎病人的血液或组织液而未经彻底消毒，刺入健康人的皮肤黏膜都可能引起感染。输血和血液制品、血液透析等可直接传播乙型肝炎。

日常生活密切接触传播：含有乙肝病毒的血液、唾液、组织液通过密切生活接触，或经被接触者皮肤或黏膜微小的擦伤裂口进入机体而感染。

一般说，肝细胞受乙肝病毒入侵后，乙肝病毒本身并不直接引起肝细胞病变。乙肝病毒只是利用肝细胞摄取的养料赖以生存并在肝细胞内复制。病毒复制的乙肝表面抗原乙肝 e 抗原和乙肝核心抗原都释放在肝细胞膜上，以激发人体的免疫系统来辨认，并发生反应，造成免疫过激或免疫低下。这种在肝细胞膜上发生的抗原抗体反应可造成肝细胞的损伤和破坏，从而产生一系列临床症状。

多数学者认为，无症状乙肝病毒携带者的形成主要与机体免疫功能低下有关，还与年龄、性别及遗传等因素密切相关。

急性重症肝炎亦称暴发性肝炎，其发病率占肝炎发病率的 0.2%~0.4%。通常以急性黄疸性肝炎开始，黄疸迅速加深，病情发展很快，且有恶心、呕吐、肝脏缩小等症状与体征，有“急性黄色肝萎缩”之称。随后可很快进入昏迷，并有明显的出血倾向，可出现腹水、少尿或无尿、肝功能明显异常等。如不及时抢救，可出现暴发性肝衰竭，大脑功能受抑制、血压下降、心律不齐、心跳骤停等，常是死亡的原因。此外亦可表现为呼吸衰竭或呼吸抑制，还可出现肾功能衰竭、少尿或无尿。有的一开始就有口腔、鼻、消化道出血，也可合并感染。此型肝炎多见于孕妇、营养不良者、嗜酒者、原有慢性肝炎疾病或长期服用对肝脏有害的药物者。预后很差，死亡率约为 70%。

慢性迁延性肝炎是指病程超过半年，仍然迁延不愈，症状、体征和肝功能异常较轻，无自身免疫系统及其他系统表现的肝炎。病人经常出现轻度乏力、肝区痛、食欲差、腹胀等，亦可无明显症状。常伴有肝脏稍大，脾脏有时亦可肿大，但无进行性肿大。一般无黄疸，转氨酶持续或间歇升高，血浆白蛋白与球蛋白数值基本正常，硫酸锌浊度正常。如经化验及临床检查仍不能确认，必要时可做肝活检，以助诊断。急性黄疸性及无黄疸性肝炎，均可转为迁延性肝炎。但主要见于乙型及非甲非乙型肝炎。此型肝炎预后良好，经过适当休息和治疗，一般都可恢复健康。

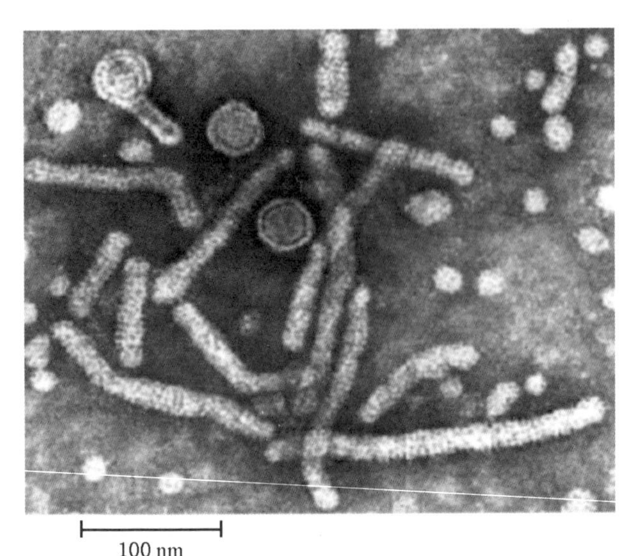

▲ 乙肝病毒电镜照片

乙肝病毒最常用的血清学标志是：乙肝表面抗原（HBsAg）、乙肝表面抗体（抗-HBs）、乙肝e抗原（HBeAg）、乙肝e抗体（抗-HBe）、乙肝核心抗体（抗-HBc）。即“两对半”，或称乙肝病毒5项。

乙肝病毒标志物（HBVM）以前俗称“两对半”，现指的乙肝病毒标志物已远远超过原来的范畴。因此，“两对半”概念已不适用于临床，正逐渐被摒弃。

因此，动态观察乙肝标志物有助于急性乙型肝炎的诊断，临床上应用以下两项标准或其中一项诊断急性乙型肝炎：HBsAg滴度由阴性到阳性高滴度，再由高滴度到低滴度，消失后抗HBs阳转。急性期抗HBc IgM滴度高水平，而抗HBc阴性或低水平。恢复期则相反。

俗称的“大三阳”是指乙肝表面抗原（HBsAg）、乙肝e抗原（HBeAg）和乙肝核心抗体（抗-HBc）三项指标阳性。“小三阳”是指HBsAg、乙肝e抗体（抗-HBe）和抗HBc三项指标阳性。

以前认为“大三阳”表示乙肝病毒感染，复制活跃，有传染性。“小三阳”则表示肝炎病情好转，乙肝病毒复制停止，没有传染性。

最近，大量研究表明慢性乙型肝炎病人出现由“大三阳”转向“小三阳”并不意味着乙肝病毒复制完全停止，大多数情况下只表示乙肝病毒复制减少。

少数“小三阳”病人其血清 HBV DNA 持续阳性，病毒复制活跃，病情较严重，病情进展迅速，见于病毒变异。

急性乙型肝炎和 HBsAg 携带者出现由“大三阳”转向“小三阳”，则是预后良好的标志。

在慢性乙型肝炎抗病毒疗法结束后，病人血清由“大三阳”变为“小三阳”，说明治疗取得了一定效果。

由于目前无特效药物，乙型肝炎又是一种相对自限性疾病，所以在治疗上应强调急性期严格消毒隔离、慢性期注意相应隔离措施，合理休息、合理饮食、适当营养、注意对症，用药要保肝不伤肝。可因地制宜，结合有效的治疗经验，选择 1~2 种（方）中西药物，以促进肝细胞修复。病初消化道症状较重，尿量减少，兼有黄疸者可适当静注葡萄糖；黄疸迅速加剧者加用茵栀黄注射液（6912），平时服用“清乙透毒灵”，警惕向重型肝炎发展。一般情况下对急性乙型肝炎不宜应用肾上腺皮质激素。

慢性乙型肝炎的治疗原则：强调三分药治，七分调理。在心理素质上要有克敌制胜的坚强斗争意志，精神要愉快，生活有规律，注意合理安排饮食，反对过度营养引起肥胖，除出现黄疸或丙氨酸氨基转移酶（简称转氨酶）显著上升时要卧床休息外，一般症状不多，转氨酶轻度升高时应适当活动，注意动静结合。用药切忌过多过杂，切勿有病乱投医，滥用药，换药不宜太勤。选用抗病毒药、调整免疫药、活血化瘀药、抗纤维化和促进肝细胞再生药物时，一定要有医生指导。病人久病成医，可注意学习肝病自我疗养的知识，希望能配合医生选用适宜于自己的调理方法，让身体逐步增加抵抗力，最后战而胜之。

（高海峰）

知识链接

哪些人需要接种乙肝疫苗？

接种乙肝疫苗的重点群体有两部分，一部分是新生儿，一部分是成年人。现在新生儿都实行计划免疫，新生儿一出生就接种乙肝疫苗，基本可以确保将来不得乙肝。成人打疫苗前需先进行化验，化验结果显示乙肝病毒表面抗原、表面抗体和核心抗体均阴性，转氨酶正常才可以接种乙肝疫苗。

接种乙肝疫苗的正确方法是什么？

乙型肝炎疫苗全程接种共3针，按照0、1、6个月程序，即接种第1针疫苗后，间隔1及6个月注射第2

及第3针疫苗。对乙肝表面抗原阳性母亲的新生儿，应在出生后24小时内尽早注射乙型肝炎免疫球蛋白，同时在不同部位接种10微克乙型肝炎疫苗，可显著提高阻断母婴传播的效果，间隔1和6个月分别接种第2和第3针乙型肝炎疫苗；对乙肝表面抗原阴性母亲的新生儿可用5微克乙型肝炎疫苗免疫；对新生儿时期未接种乙型肝炎疫苗的儿童应进行补种；对成人建议接种20微克乙型肝炎疫苗。

接种乙肝疫苗后应注意什么?

注射乙肝疫苗后所产生的抗体只能预防乙肝病毒感染，对诸如甲、丙、丁、戊肝等病毒性肝炎是没有预防作用的。同时，全程接种乙肝疫苗后并不是都能完全预防乙肝病毒感染，生活中仍应注意避免与乙肝病人（不是携带者）的排泄物、血及分泌物接触。

流　脑

流行性脑脊髓膜炎简称流脑，它是由脑膜炎双球菌引起的急性呼吸道传染病，传染性较强。本病主要发生在冬春季节，呈地方性流行，经常有散发病例的出现。在与其他传染病的比较中，流脑的死亡率及病死率都占到前列，仅次于传染性非典型肺炎（SARS）。

脑膜炎双球菌在显微镜下可见到呈肾形成双排列，一般分为A、B、C、D 4个群，我国以A群为主，不同群别的脑膜炎双球菌，致病力不同。此病原菌可以在病人的鼻咽部、血液、脑脊液及皮肤瘀斑中发现，也可以从带菌者的鼻咽部分离出来。该菌在人体外抵抗力很弱，在日光照射、干燥以及低于25 ℃或高于50 ℃的条件下均易死亡。一般化学消毒剂均可将其杀灭。

流脑的流行具有明显的季节性和周期性，多发于冬春两季，一般从每年1月份开始发病，三四月份是高峰期。据统计，每年的2~4月，“流脑”的发病率占全年的60%左右，其特点是起病急、病情重、变化多、传播快、流行广、来势凶猛、病死率高、危害性大。该病主要通过空气飞沫传播。起病急骤凶险，若不及时抢救，常于24小时内危及生命。

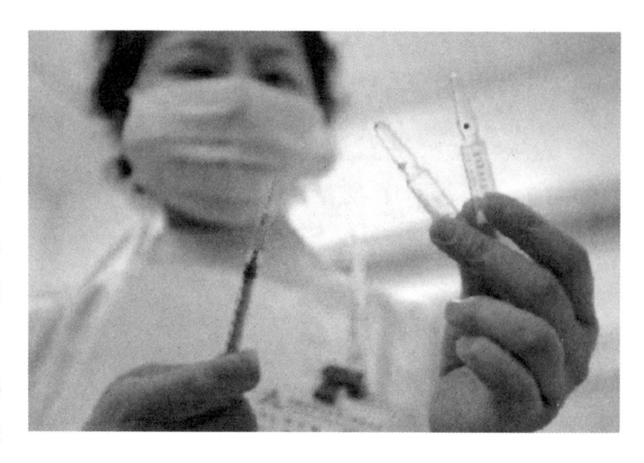

▲ 流脑疫苗

流脑病菌存在于鼻咽腔分泌物中，通过咳嗽、打喷嚏等飞沫传播，当人体免疫力降低时，病菌就可能进入血液循环，在血液中繁殖形成败血症，进一步随血流侵犯脑组织和脊髓外的被膜，引发脑脊髓膜炎。本病潜伏期一般为2~3天，最长的为一周。流脑病毒在各年龄组人群中普遍易感。

流脑一般好发于小年龄段儿童，病人主要是15岁以下的少年儿童，特别是6个月至2岁的婴幼儿。近年来，临床上也发现有成年人患此病，而成人的病死率高。

发热、头痛、呕吐是流脑三大主要症状。婴儿症状表现不典型，往往伴有高热、拒食、烦躁、哭闹不安等；暴发型流脑病人起病急骤，如不及时抢救可导致严重后果。

流脑发病初期类似感冒，流鼻涕、咳嗽、头痛发热

▲ 流脑疫苗的运输

等。病菌进入脑脊液后，头痛加剧，嗜睡、颈部强直、有喷射样呕吐和昏迷休克等危重症状。由于流脑临床类型较多，有些病人最初可表现为上呼吸道感染症状，不容易引起重视，因此，在该病流行期间，如果发现有不明原因的发热、头痛、咽喉疼痛等症状，应及时到医院就诊，以便早发现、早治疗。

60%~70% 的感染者没有临床症状，只是具有传染性的带菌者；25%~30% 的感染者表现为轻度的呼吸道感染或有皮肤出血点，容易被误诊为流感或感冒；1%~5% 的感染者发生脑膜炎。

对病人周围的密切接触者可使用磺胺嘧啶、复方新诺明，连服 3 天，同时进行医学观察 7 天，凡有发烧、头痛、急性咽炎、皮肤出血点、乳幼儿拒乳、哭闹、呕吐，应及时投以足量磺胺药，一旦病情转重立即送医院。

对于普通型流脑，可采取如下措施：

一般治疗卧床休息，流质饮食，必要时鼻饲或静脉补液。

对症治疗高热、头痛、呕吐、烦躁或惊厥等，应分别给予相应处理。

病原治疗轻症病例首选磺胺嘧啶，疑对磺胺过敏或耐药者应改换其他药物如青霉素或氯霉素。重症病人可选用安卞青霉素、头孢氨噻肟等药物。对于出现休克病症的病人，应首选青霉素，可与氯霉素联合用药，同时应用抗休克疗法，如补充血容量、纠正酸中毒、增加血管活性等，慎用肾上腺皮质激素类药物。有明显神经症状的病人，应用抗菌药物的同时，以迅速减轻脑水肿和呼吸衰竭为主，多选用脱水剂（如甘露醇等）、肾上腺皮质类激素及呼吸兴奋剂等。

▲ 流脑的诊断

流脑是一种侵害神经系统的严重传染病，一旦发生，如果得不到及时的治疗，往往造成严重的后遗症甚至死亡。因此，对预防流脑显得尤为重要。

早期发现病人，就地隔离治疗。流行期间做好卫生宣传，应尽量避免大型集会及集体活动，不要带儿童到公共场所，外出应戴口罩。

药物预防。国内仍采用磺胺药，密切接触者可用磺胺嘧啶（SD），成人 2 克 / 日，分 2 次与等量碳酸氢钠同服，连服 3 日；小儿每日为 100 毫克。在流脑流行时，凡具有发热伴头痛、精神萎靡、急性咽炎、皮肤、口腔

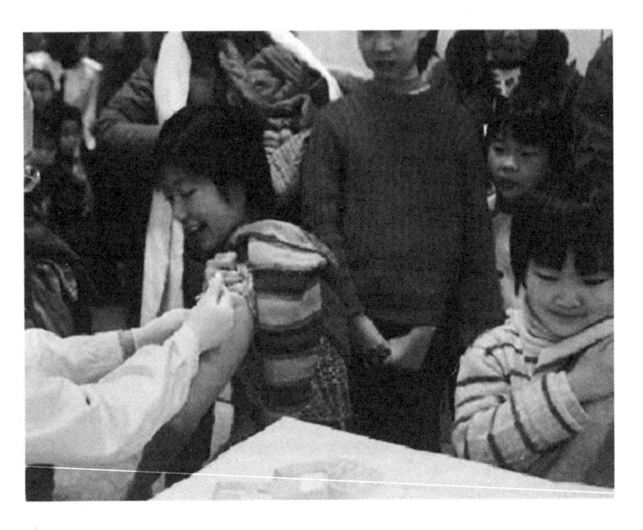

▲ 接种流脑疫苗

黏膜出血等四项中两项者，可给予足量全程的磺胺药治疗，能有效地降低发病率和防止流行。国外采用利福平或二甲胺四环素进行预防。利福平每日 600 毫克，连服 5 日，1~12 岁儿童每日剂量为 10 毫克 / 千克。

菌苗预防。目前国内外广泛应用 A 和 C 两群荚膜多糖菌苗。经超速离心提纯的 A 群多糖菌苗，保护率为 94.9%，免疫后平均抗体滴度增加 14.1 倍。国内尚有用多糖菌苗作“应急”预防者，若 1~2 月份的流脑发病率大于 10/10 万，或发病率高于上一年同时期时，即可在人群中进行预防接种。

接种流脑疫苗是预防本病的一项重要措施，但并不是所有的人都可以接种流脑疫苗的。有如下情况的人不可以接种流脑疫苗：患有严重的心、肝及肾等脏器疾病的人；患有中枢神经系统疾病及精神病病人；发烧或正处于疾病急性期的人；曾有高热惊厥史的人；有药物及食物等过敏史的人。

此外，一般性预防措施也十分必要。

（张洪勇）

流　感

流行性感冒主要通过病人咳嗽、喷嚏等飞沫直接传播，发病 3 天内传染性最强。流感病人咳嗽一声，可散播约有 10 万个病菌；一个喷嚏约含有 100 万个病菌。一个喷嚏可使飞沫以 167 公里的时速，在一秒钟内喷射到 6 米以外的地方。由此可见，流感病毒散播的速度惊人。

人一年四季都可能感染流感病毒，但因冬天天气寒冷，风势强劲，人体抵抗力明显减弱，病毒易于乘虚而入，导致感染发病。此外，在冬天，室内活动增多，又因怕冷经常关闭窗户，令空气不流通，病毒也较易传播。更值得警惕的是，近年来，禽流感对人类的威胁越来越大，世界各地不断有禽流感病毒感染人的病例报道。

流感潜伏期短，一般约 1~2 天。感冒症状较轻的，可能仅是全身不适，持续 1~2 天。感冒症状重的，会有畏寒高热、体温可达 39~40 ℃、四肢及腰背酸痛、头痛、全身有若中毒等症状。

临床上将流感分为四个类型：

单纯型。最为常见，病人畏寒发热、体温可达 39~40 ℃，同时伴有头昏、头痛、鼻塞等，一般经 3~5 天逐渐消退减轻，退热后全身软弱乏力可持续 1~2 周。

肺炎型。病人表现为高烧不退，咳嗽严重，呼吸急促，病情可延续至 3~4 周，少数严重者可致死亡。

中枢神经型。病人表现为高热不退，中枢神经症状明显，如头痛、头昏，甚至昏迷。

胃肠型。病人除表现为全身中毒症状外，还伴有恶心、呕吐、腹泻等症状。

感冒病人因其本身体质、感染的流感病毒类型不同，表现出的病情也大为不同，如果并发其他病症就会使病人病情更为复杂。

流感与普通感冒不同。流感病人发烧、头痛或伴有较为严重的全身疼痛、乏力，有时也出现鼻塞、流鼻涕及咽喉疼痛，偶尔有胸部不适或咳嗽。而普通感冒，常见的是鼻塞、流鼻涕及咽喉疼痛，全身仅有轻微的疼痛感，而较少出现发烧或头痛。

一旦出现了流感症状，则需要及时进行治疗，或者到医生处咨询相关的治疗方案。本病无特效治疗药物，但服用一些药物可以缓解病情及避免并发症的发生。

西医治疗药物包括：

抗病毒药，如盐酸金刚烷胺等。可抗甲型流感病毒，抑制病毒繁殖。

抗过敏药，常有扑尔敏（马来酸氯苯那敏）、苯海拉明等。使用抗过敏药物，能减轻流涕、鼻塞、打喷嚏等症状。

其他药物如阿司匹林，具有较强的解热镇痛及抗炎作用，但少数人用药后可能会诱发荨麻疹、哮喘等，甚至出现过敏性休克，因此有哮喘过敏史的病人忌用；非那西丁、扑热息痛均为常用解热镇痛药，均具有较为明显的效果，且不良反应较少；咖啡因为中枢兴奋药，能增强解热镇痛效果，并可减轻嗜睡、头晕等症状；人工牛黄则具有解热、镇惊作用。

流行性感冒用药，多以解热镇痛药为主，但是解热镇痛对流行性感冒的治疗只是对症治疗，治标不治本。

中草药治疗包括清热祛风解毒。在冬春风热病毒流行季节，感冒病人可选用艾叶、苍术、雄黄各 15 克，燃烧以烟熏消毒居室，每日一次，连续 3~5 次；取野菊花 30 克，水煎含漱或喷润咽喉；取大青叶、板蓝根、贯仲各 30 克，水煎代茶饮，每日一剂。

病人持续高热时，可用 50% 的酒精擦浴。也可用毛巾浸入清水中，稍拧去水，置于胸上或前额处。

在实际治疗流感的过程中，很多病人或家属在用药时并没有采用正确科学的方法用药，从而出现了许多应该及时纠正的误区，主要表现在：

误区一：运动可增强抵抗力。医生在叮嘱感冒病人时要求其“多休息，多喝水”。但很多病人误认为体育运动随时都能够增强抵抗力。人在低烧时新陈代谢比平时明显加强，能量消耗加大，抵抗力更弱。此时如果继续进行体育锻炼，反而会造成病人身体抵抗力再度下降，致使病情加重。因此，流感病人白天应多休息，若不想因服用感冒药引起嗜睡现象，可以尝试夜间用药，并设法提高睡眠质量，以使身体得到充分的休息。

误区二：大剂量服药。很多感冒药中都含有部分相同成分，大剂量或不同种类抗感冒药物同时服用，不仅不能增强抗病毒效果，还有可能导致药物中毒。

误区三：立即服药。任何药物都具有一定的毒性，感冒不一定都要立即吃药，有些感冒可以依靠自身抵抗力和免疫系统来消除。如果一发现感冒就吃药，不仅没必要，还很容易引起抗药性。

流行感冒主要是以预防为主，除了注意提高身体抵抗力、防寒保暖外，必要时也可应用药物预防。目前，流感疫苗接种可起到一定预防效果。但流感病毒的频发变异，给控制该病流行造成了一定困难。

（张洪勇）

结　核

结核病是人类传染病中的一种常见病，又称“白色瘟疫”，曾经在20世纪80年代被认为是人类已经基本征服的疾病之一。但自20世纪90年代以后又卷土重来，易感人群的数量也在增加。早在公元3世纪以前，我国古代医学虽然认识到该病可能是一种极为严重的慢性传染病，但由于当时治疗办法极少，所以在我国民间广泛流行“十痨九死”的说法。1882年德国科学家罗伯特、郭霍在一些病人中发现了结核菌。当人体感染的结核菌量多或机体抵抗力下降时，人体各个脏器都可以因感染结核菌而发病。结核病多以肺结核为主，占所有脏器结核的80%以上。

结核病的传染源主要是痰涂片阳性的肺结核排菌病人。肺结核病人主要通过咳嗽或打喷嚏等把含有结核菌的微沫散播于空气中，健康人吸入含有结核菌的微沫就会受到结核菌的感染，其传染程度主要受结核病人排菌量、咳嗽症状以及接触的密切程度等因素的影响。

健康人受到结核菌感染后，是否发病主要受两种因素即感染结核菌毒力的大小和机体抵抗力高低的影响，结核菌毒力强而机体抵抗力低则易诱发结核病。人体初次受到结核菌感染后，通常无症状，也不发生结核病。但当少数感染结核菌的人抵抗力降低时，则有大约10%左右的人会发生结核病。

结核病的易感易发因素指对结核病感染、发病、患病的易感或促发因素。了解这些因素有助于加深对结核病病因、发病和流行的理解，对结核病的临床诊治和预防控制也有重要意义。这些因素主要包括遗传因素、年龄、性别（女性高于男性）、职业（粉尘业矽肺及从事结核病人护理工作）、药物（皮质激素类、免疫抑制剂等长期应用）、营养不良、过度劳累、人口频繁流动（贸易、难民及移民）及恶劣的社会环境（如贫穷、战乱、饥荒、自然灾害）等。

结核病常见的主要是肺结核。我国现行的肺结核分类是为适应结核病防治及临床工作的需要而制定的，主要包括以下几种类别：

原发型肺结核（Ⅰ型）：原发型肺结核为原发结核感染引起的临床病症。包括原发综合征及胸内淋巴结结核，并发淋巴结支气管瘘时，如淋巴结肿大比较显著，而肺内只有较少的播散性病变时，仍归本型。

血行播散型肺结核（Ⅱ型）：包括急性血行播散型肺结核（急性粟粒型肺结核）及亚急性、慢性血行播散型肺结核。

浸润型肺结核（Ⅲ型）：浸润型肺结核是继发性结核的主要类型。肺部有渗出、浸润和（或）不等程度的干酪样病变，也可见空洞形成。此外，干酪性肺炎和结核球也属于此型。

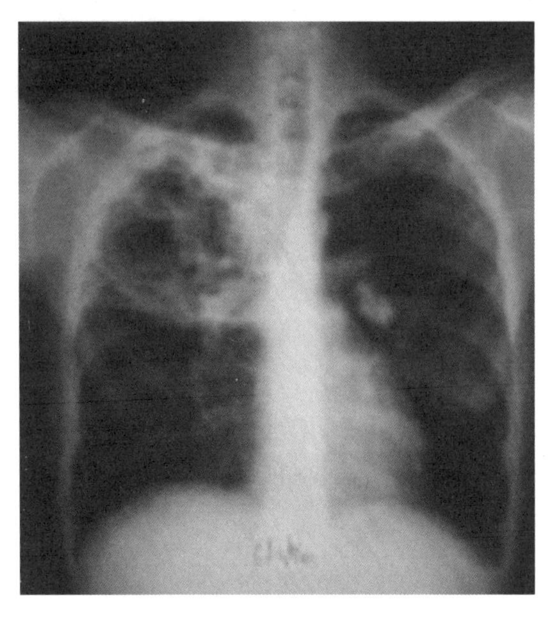

▲ 肺结核 X 光片及手术切除标本

慢性纤维空洞型肺结核（Ⅳ型）：慢性纤维空洞型肺结核是继发性肺结核的慢性类型。常伴有较为广泛的支气管播散性病变及明显的胸膜增厚等症状。肺组织破坏常较显著，伴纤维组织明显增生而造成患处肺组织收缩和纵隔、肺门的牵拉移位，邻近肺组织常呈代偿性肺气肿。

结核性胸膜炎（Ⅴ型）：临床上已排除其他原因引起的胸膜炎，包括结核性脓胸。

肺结核进展期或好转期均属活动性时期，也就是需要治疗管理的病人均属于活动性病人。稳定期病人为非活动性肺结核，属初步临床治愈，但尚需观察的病人。稳定期病人经观察 2 年，病变仍无活动性，痰菌检查持续阴性，作为临床治愈病人。如有空洞者，则需观察 3

年以上。如因各种原因或初步诊治而不能确定其活动性或转归时，可作为“活动性未定”。一般仍以活动性肺结核处理为宜。在判断病人的活动性及转归时，可综合病人的临床表现、肺内病变、空洞及痰菌等情况决定。

进展期：具有如下特点的时期属于进展期，包括：新发现的活动性病变；病变较前恶化、增多；新出现空洞或空洞增大；痰菌阳性。

好转期：凡具备下一情况者属好转期：病变较前吸收好转；空洞闭合或缩小；痰菌阴转（由阳性转为阴性）。

稳定期：病变无活动性、空洞闭合、痰菌连续阴性（每个月至少查痰菌一次）均达 6 个月以上。如空洞仍然存在，则痰菌须连续阴性一年以上。

痰菌检查、诊断和考核疗效的主要指标：痰菌检查阳性表明被检测病人已感染结核菌。

卡介苗与结核菌素：卡介苗是一种无致病力但保留了抗原性的结核菌，能刺激机体产生对结核病的特异免疫力，所以接种过卡介苗的儿童也会出现结核菌素阳性。但未接种卡介苗的 3 岁以内儿童出现结核菌素阳性时，即便胸部线正常，也应高度怀疑其体内有活动性结核病灶。相反，免疫力低下者即便是得了结核病，结核菌素试验仍可能出现阴性反应结果。

结核菌素是一种由结核菌培养滤液制成，只含结核菌蛋白、不含结核菌体的生物制品。

目前，我国常用的结核菌素为结核菌的纯蛋白衍生物（PPD）。人体感染结核菌一定时间后，结核菌素反应即可显示阳性。其中自然感染的结核菌素反应甚至可保持终身阳性，而未感染过结核菌的人即使多次试验也不会出现阳性反应。

结核菌素检测如果显示阳性，只能说明被检测人已经感染了结核菌，至于是否得了结核病，还需由医生通过临床综合表现、痰液细菌学检验和 X 线检查等进一步分析后，才能做出最终判断。

结核病是由结核杆菌引起的慢性传染病。治疗要从整体出发，在使用抗结核药物的同时必须增加机体抵抗力，及时补充高蛋白质（如肉、禽、水产品、蛋、乳及大豆制品）、高维生素（如维生素 A、B、C、D）等。此外，结核病人膳食中还应特别注意钙和铁的补充。钙是结核病灶钙化的原料，牛奶中所含的钙量多质优。铁是制造血红蛋白的必备原料，咯血、便血者更要注意补充。

联合用药可发挥药物的协同作用，增强疗效，减少耐药性产生。目前初治病例常用化疗方案为强化期 4 药联合（异烟肼、利福平、吡嗪酰胺加链霉素或乙胺丁醇），巩固期 2~3 种药联合（雷米封、利福平或加乙胺丁醇）。复治病例的联合方案中应选用至少两种或两种以上敏感药物，避免产生耐药性。在整个治疗过程中，病人应定期复查，不漏用一次药物，更不可因临床症状好转而自行停药，要严格遵医嘱完成规定疗程。

结核病是一种经空气传播的慢性传染病，一例传染源每年可以通过空气传染 10~15 名健康人。结核病流行历史漫长，疫情机制复杂，与之相对应的控制措施繁多，而且在不断更新，但人类至今未能控制结核病，结核菌仍在大气中游荡，污染空气，伤害个人，危害社会。世界卫生组织的专家将结核病疫情比喻为漂浮在“大海”中的一座“冰山”，被确诊发现的部分，仅仅为“冰山”的顶部，大部分在水的下面，随着顶部的融化，下部将不断浮出水面。可见结核病控制工作的严重性、长期性和艰巨性。

我国现在是全球22个结核病高负担国家之一，结核病人数仅次于印度。目前我国传染性肺结核的病人有200万。

（张洪勇）

白血病

白血病是一组异质性的造血系统恶性肿瘤，其主要表现为异常的白细胞及其幼稚细胞（即白血病细胞）在骨髓或其他造血组织中进行性、失控的异常增生，浸润各种组织，使正常血细胞生成减少，产生相应临床表现。

白血病约占癌肿总发病率的 5% 左右，是儿童和青少年中最常见的恶性肿瘤，我国白血病在癌肿发生中，男性为第六位，女性为第八位。中国医学科学院血液学研究所曾组织了全国 22 个省、市、自治区 46 个调查点的白血病发病率调查，总发病率为 2.76/10 万。大部分地区的发病率与全国发病率相比无明显差别，但油田和污染地区的发病率明显增高，大城市的发病率高于农村。我国白血病发病率和国外相比，明显低于欧美国家，而与亚洲国家接近。

人类白血病的确切病因至今未明，许多因素都被认为与白血病发生有关。病毒可能是主要因素，现已证实，鸡、小鼠、猫、牛和长臂猿等动物的自发性白血病组织中可分离出白血病病毒，为一种逆转录病毒。人类对白血病的病毒病因研究已有数十年历史，但至今只有成人T细胞白血病是由病毒感染引起的。电离辐射也有致白血病作用，其作用与放射剂量大小和照射部位有关，一次大剂量或多次小剂量照射均有致白血病作用。1945年日本广岛和长崎遭原子弹袭击后，幸存者中发生白血病的概率较未辐射地区高30和17倍。诊断性照射是否会致白血病发生尚无确切证据，但孕妇胎内照射可增加出生后婴儿发生白血病的概率。化学物品中，苯致白血病作用比较肯定，以急性粒细胞白血病和红白血病为主。化疗引起的继发性白血病中以急性非淋巴细胞白血病为主，而且发病前常有一个全血细胞减少期。另外，某些白血病发病与遗传因素有关。单卵双胎如一人患白血病，另一人患白血病的概率为20%，而某些遗传性疾病如Down's综合征急性白血病发病率比一般人群高20倍，绝大多数白血病不是遗传性疾病。

按病程缓急及细胞分化程度，白血病可分为两类，即急性白血病和慢性白血病。

急性白血病一般病程急，骨髓及周围血中以异常原始及早期幼稚细胞为主。原始细胞一般超过30%。各类急性白血病的共同临床表现，按发生机制可由于正常造血细胞生成减少而导致感染、发热、出血和贫血，也可

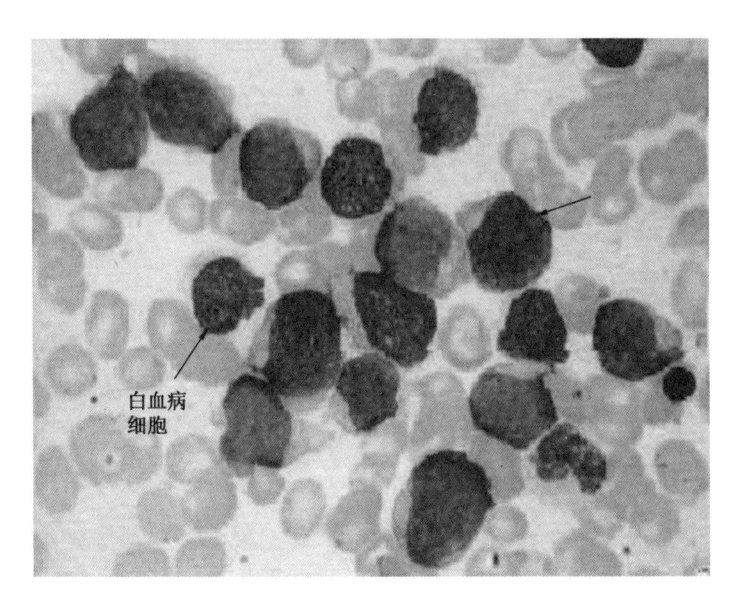

◀ 白血病细胞

由于白血病细胞浸润导致肝、脾、淋巴结肿大及其他器官病变，症状的缓急主要取决于白血病细胞在体内的积蓄增多速率和程度。急性白血病的治疗方法较多，但以抗肿瘤化学治疗为最有效疗法。化疗的目的在于消灭尽可能多的白血病细胞或控制其大量增殖，以解除因白血病细胞浸润而引起的各种临床表现，并为正常造血功能恢复提供有利条件。化疗要求既能大量杀灭白血病细胞，又能尽可能保护正常细胞群。化疗方案及剂量应个体化，主要根据白血病的类型、病程进度和病人客观条件而定。

慢性白血病，病程较为缓慢，骨髓及周围血中以异常的成熟细胞为主，伴有幼稚细胞，原始细胞常不超过10%~15%。一般又可分为两类：慢性淋巴细胞系白血病和慢性髓系白血病。前者早期常无症状，因发现淋巴结肿大或不明原因的淋巴细胞绝对值升高而就诊。进入进展期，可表现为体重减轻、反复感染、出血和贫血症状。后者则表现为易疲倦，乏力、纳差、出汗和体重减轻等症状。许多病人常因脾大或白细胞增多在临床体检中发现并确诊，其预后较差，5 年存活率为 25%~35%。慢性白血病的治疗目前仍以化学药物治疗以及放射治疗最为常用。在化疗同时必须加强各种支持治疗，以防止出血和感染，保证化疗的顺利进行。

（刘荣军）

吸烟与肺癌

肺癌是最常见的恶性肿瘤，其发病率及病死率均居我国城市男性肿瘤的首位，且有继续上升的趋势。据上海市报道，肺癌 5 年生存率为 5%~7%，80% 的肺癌病人在 1 年内死亡。尽管近年来肺癌的诊断和治疗有所进步，但其预后仍很差。肺癌的病因很多，其中最常见、较明确的是吸烟。吸烟已被公认是肺癌最重要的危险因素。世界上肺癌高发的国家和地区常是吸烟习惯形成较早的国家和地区，如在人群的吸烟习惯已长期形成的地区，吸烟对男性肺癌的人群归因危险度一般在 80% 以上，英国、美国、加拿大等国家男性的这一指标已达 90%，上海市区男性这一指标也已达 70% 以上。

香烟点燃后产生的烟雾中含有几十种有害物质，包括一氧化碳、尼古丁等生物碱。有人做过试验：把 1 滴

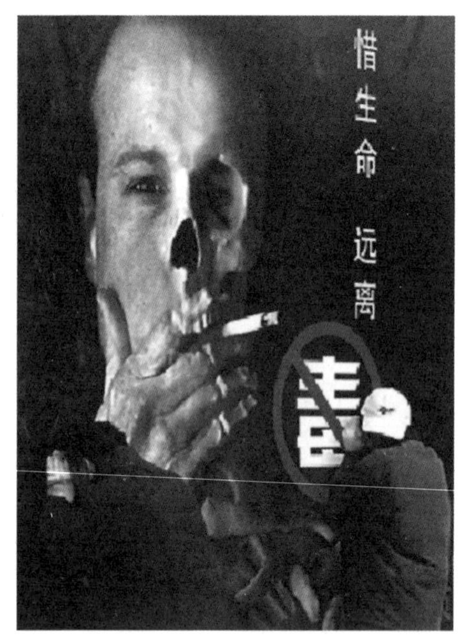

▲ 禁烟宣传画

纯尼古丁滴在狗舌上，几分钟后狗就死亡；1滴尼古丁还可以杀死1匹体重200千克的马。该物质还具有多种生物学作用，被吸入人体后，对呼吸道、心血管、胃肠、神经系统和肝、肾等器官都有不同程度的损害。

而肺癌危险性与吸烟的多种因素有关。

1. 烟量、开始吸烟年龄和吸烟年限等。

吸烟量愈大，开始吸烟年龄愈早，吸烟年限愈长，则肺癌危险性愈高。不论男性女性，当吸烟年限确定后，肺癌相对危险度随日吸烟量增多而上升；当日吸烟量确定后，相对危险度随吸烟年限延长而上升。日吸烟量多且吸烟年限长者其相对危险度特别高。

戒烟后随戒烟年数增加，肺癌危险性不再继续上升，而会有所下降，但吸烟经历的致肺癌效应不会完全消失。

2. 烟草的不同制品、卷烟的不同类型与肺癌危险性和组织学类型的关系。

吸卷烟者肺癌危险性最高，仅抽雪茄或烟斗者危险性较低。长期吸带过滤嘴或低焦油卷烟者其肺癌危险性比吸不带过滤嘴或高焦油卷烟者低40%~50%。吸烟虽与肺癌各种组织学类型或多或少都有关系，但与肺鳞癌、小细胞癌关系的密切程度远大于肺腺癌。曾有报道，吸带过滤嘴卷烟似乎能降低肺鳞癌危险性，但并不降低患肺腺癌危险性。过滤嘴能过滤掉易沉积于大支气管上的烟雾中大的粒子，使易发生鳞癌的大支气管部位上大粒子的沉积量减少。但吸过滤嘴烟吸入的尼古丁水平低，由于需要代偿性地吸入尼古丁，迫使吸的深度加深，从而使烟雾深入到腺癌常发生的肺周围区。此外，有报告低焦油烟含有较高水平的硝酸盐，从而产生较高水平的烟草特有的亚硝胺，这类亚硝胺在动物模型上能诱导腺癌的发生。

▲ 禁烟宣传画

每日被动吸烟 15 分钟以上者被定为被动吸烟，它是指亿万不愿吸烟的人无可奈何地吸入别人吐出来的夹有大量卷烟毒性物质的空气，可能遭致与吸烟者同样的病症，承受与吸烟者相似的隐痛。吸烟所散发的烟雾，可分为主流烟（即吸烟者吸入口内的烟）和支流烟（即烟草点燃外冒的烟）。支流烟比通过主流烟所含的烟草燃烧成分更多，其中一氧化碳、支流烟是主流烟的 5 倍；焦油和烟碱是 3 倍；苯并芘是 4 倍；氨是 46 倍；亚硝胺是 50 倍。据计算，在通风不良的场所，不吸烟者 1 小时内吸入的烟量，相当于吸入 1 支卷烟的剂量。但环境烟雾是一个轻微的肺癌诱发因素，它会使肺癌的危险性随着在烟雾环境暴露的终止而降低。这就意味着减少吸烟不但能使吸烟者受益，也可以使与他们一起生活和工作的人们受益。

目前，中国男性平均每人每日吸烟数已达 1945 年英国的数字预测，中国与吸烟有关的死亡数 1987 年为 10 万人，进入 2025 年将有 200 多万人死于吸烟。就是说，现在 5 亿 20 岁以下的青年人中可能有 2 亿人经常吸烟，其中成百上万的人将由于吸烟而致残，约 5 千万人将因吸烟而死于肺癌、心脏病或其他肺部疾患。令人忧虑的是目前我国有 3 亿“烟民”，青少年吸烟人数有增加的趋势，只要烟草生产销售是合法的，就会有人吸烟。而目前吸烟的青少年，其致癌的危害性在若干年以后才能显示出来。研究证实发育时期的青少年肺组织对致癌物质更敏感，今后发生肺癌的危险性更大。

（刘荣军）

肝　癌

原发性肝癌指发生于肝细胞与肝内胆管上皮细胞的癌变，是我国常见的恶性肿瘤之一。死亡率高，在恶性肿瘤死亡顺位中仅次于胃、食管而居第三位，在部分地区的农村中占第二位，仅次于胃癌。我国每年死于肝癌的约 11 万人，占全世界肝癌死亡人数的 45%。

肝癌的病因可以说是研究得较透彻的，主要包括以下几个方面：

病毒性肝炎。主要是乙型与丙型肝炎病毒感染，尤其是慢性病人与乙肝病毒携带者。约 80% 的肝癌病人可查到乙型肝炎的 e 抗原、e 抗体与核心抗体三项指标阳性。

黄曲霉毒素。黄曲霉菌易于高温、高湿的气候环境中生长繁殖。夏季储存不良的谷物、花生、饲料等最易被黄曲霉菌污染而产生黄曲霉毒素，长期食用含此毒素的食物可诱发肝癌。

水源污染。饮用水质的严重污染尤其是含有大量有机氯化合物与藻类毒素的污水或塘水是肝癌发生的重要诱因之一。

化学致癌物质。能引起肝癌的化学物质以亚硝基化合物为主，如亚硝酸胺等。此外，农药、酒精等均能诱发肝癌。研究发现，有酗酒习惯者，其引发肝脏疾病的危险性比一般人高出 10%~20%。

其他因素。营养过剩或营养缺乏、某些药物服用过量、血色病、寄生虫感染及遗传等也是诱发肝癌的危险因素。

40 岁以上、有 5 年以上肝炎病史或乙型肝炎病毒抗原标记物阳性者，和有 5~8 年以上的酗酒史并有慢性肝病临床表现者，以及已经确诊的肝硬化病人，是罹患肝癌的高危人群。

肝癌的起病比较隐匿，早期一般没有任何症状，当病人出现明显的临床症状时，病情往往已属于中晚期。肝癌的首发症状以肝区疼痛最为常见，其次是上腹部包块，纳差、乏力、消瘦，原因不明的发热、腹泻、腹痛、右肩酸痛等。也有部分病人表现为肝硬化的一些并发症，如黑便、呕血、黄疸等。少数病人因转移灶引起的症状而入院，这些症状多不具有特殊性。

原发性肝癌多是在慢性肝炎、肝硬化的基础上发展而来的，不少病人常有慢性肝病及肝硬化的一些体征，如慢性肝病面容、肝掌、蜘蛛痣、腹壁静脉曲张，体质虚弱、男性乳房发育、下肢水肿等，除此之外，肝癌病人还可能出现肝肿大、腹水、黄疸、脾大、肝区血管杂音等特殊体征。

▲ 肝癌手术标本

肝癌具有起病隐匿、潜伏期长、高度恶性、进展快、侵袭性强、易转移、预后差等特点。其发病率呈逐年上升趋势。

肝癌的治疗在可能的情况下以手术为第一选择。直径 5 厘米以下的小肝癌手术切除预后较好。此外尚有动脉栓塞法、肿瘤酒精注射法、化疗等治疗方法。需根据不同病人的实际情况选择不同的疗法或组合。

由于依靠血清甲胎蛋白检测结合超声显像对高危人群的监测，使肝癌在亚临床阶段即可诊断，早期切除的远期效果尤为显著。加之积极的综合治疗，目前肝癌的 5 年生存率已经有了显著提高。

根据我国大量流行病学调查，在 20 世纪 70 年代针对肝癌的高发病率提出的“改水、防霉、防肝炎”或者称为“管水、管粮、防肝炎”的 7 字方针，不仅初见成效，且已成为我国肝癌一级预防的特色。在过去的一二十年中，一些肝癌高发地区采取一级预防措施，肝癌发病率和死亡率均明显下降。二级预防可概括为“早期发现、早期诊断、早期治疗”。三级预防就是临床积极治疗。

肝癌的预防最主要的还是预防肝炎。我国有 1.2 亿乙型肝炎病毒携带者，这也是我国肝癌高发的一个重要原因。一般认为乙型肝炎病毒携带者中约有 1/3 来源于母婴传播。由于感染早，90% 以上可发展为慢性感染。血液传播及医源性传播也是一个重要途径。如输血或使用血制品、血液透析、被针头或手术刀意外刺伤、共用刮胡刀及牙刷、文身、补牙等。性接触也可以传播乙肝病毒。现已有安全有效的乙型肝炎疫苗问世，注射后诱发保护性抗体的成功率达 97% 以上。我国现已推广婴幼儿和儿童疫苗注射计划，预计 20 年后肝癌发生率必将大幅度下降。丙型肝炎病毒在我国尚少，主要通过输血经血液途径传播。

此外，还需要搞好粮食的管理和保存工作，防止黄曲霉素对食品的污染，确保饮水卫生，减少亚硝胺摄入以及戒烟，并且适当补硒，可在一定程度上降低肝癌发病率。

（林 怡）

乳腺癌

乳腺癌是乳腺导管上皮细胞在各种内外致癌因素的作用下，失去正常特性，发生异常增生，以致超过自我修复的限度而发生癌变的疾病。临床以乳腺肿块为主要表现。乳腺癌是女性最常见的恶性肿瘤之一，发病率高，颇具侵袭性，但病程进展缓慢。

各国因地理环境、生活习惯的不同，乳腺癌的发病率有很大差异。北美和北欧大多数国家是女性乳腺癌的高发区，南美和南欧一些国家为中等，而亚洲、拉丁美洲和非洲的大部分地区为低发区。全世界每年约有 120 万妇女患乳腺癌，有 50 万妇女死于乳腺癌。据美国癌症协会估计，美国每年有 12 万乳腺癌新发病例，发病率为 72.2/10 万，1976 年死于乳腺癌的人数为 33 000。我国属乳腺癌低发国，但近年来乳腺癌的发病率明显增高，尤其是沪、京、津及沿海地区，其中又以上海最高。1972年，上海的乳腺癌发病率为17.1/10万，1988年则为28/10万，到1997年上升到46/10万，在女性恶性肿瘤中居首位。同时发病年龄也由中老年向青年女性扩展，临床已多见20岁左右的病人，最年轻的病人只有14岁。

患乳腺癌的主要因素包括：

遗传因素。母亲、姐妹、女儿等家庭成员中有患乳腺癌的人，发病率比普通人群高4倍。

激素暴露史及一般身体条件。一般由其生理周期的长短以及生育、哺乳状况决定。有数据显示，第一次妊娠年龄大于30岁的妇女及从未生育过的妇女，患某些慢性乳腺疾病（如导管上皮不典型增生、乳头状瘤病等）的女性，以及月经初潮年龄在12岁之前或停经在55岁之前的女性都比较容易得乳腺癌。长期应用雌激素以控制更年期症状的妇女，多年后乳腺癌发生的危险性也会增加。

饮食结构、生活节奏和情绪因素。长期情绪紧张、过度劳累都会导致身体激素水平发生变化，增加发病率。进食过多的动物脂肪，绝经后体重超重的女性乳腺癌发病率也较高。

环境因素。辐射以及环境污染等也可成为乳腺癌的诱因。

乳腺癌常见症状有：乳房有肿块，质硬，不光滑，多为单发；乳头有溢血性分泌物；两侧乳房不对称；乳头回缩，乳房皮肤呈橘皮样改变；乳头或乳晕处出现表皮糜烂、湿疹样改变；乳房显著增大、红肿，变化进展较快；乳房缩小，乳头位置回缩；腋窝淋巴结肿大，有时可感到腋窝内有物体挤压感；到晚期，乳房局部可破溃形成溃疡，可出现锁骨上淋巴结肿大，可有骨痛、腰痛、腹胀、上腹气块，贫血和消瘦等。

治疗主要还是根据肿瘤分期和浸润范围实行不同的切除术，配合化疗。

乳腺癌发病率的提高很大程度上与居民生活水平的提高、食物结构的变化有关。人体内过多的脂肪可转化为类雌激素，刺激乳腺组织增生；同时大量摄取脂肪还会导致身体免疫机能降低，给癌症造成可乘之机。从预防乳腺癌的角度出发，还是提倡低脂高纤维饮食。饮酒和含咖啡因的饮料、食物在一定程度上也会增加患乳腺癌的危险性；多吃白菜、豆制品和鱼有利于预防乳腺癌。

另外，现在市场上的很多女性保健品，包括不少知名品牌，都含有一定量的雌激素。雌激素一方面的确能延长女性的“青春期”，但同时也造成乳腺导管上皮细胞增生，甚至发生癌变。

▼ 乳腺癌细胞

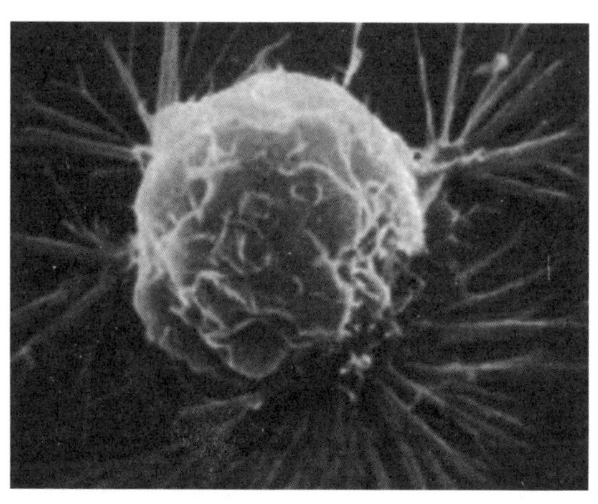

现在的孩子一般都是独生子女，家长疼爱有加，不仅日常给予高营养食品，还盲目给孩子服用保健品。一些保健品中就含有雌激素，

促成了儿童的性早熟，这也大大增加了罹患乳腺癌的危险性。有研究发现：女性初潮年龄提前一年，一生中患乳腺癌的可能性就增加 20%。

很多都市女性因为种种原因不愿意生育或将生育年龄推迟到 30 岁以后，这也很可能使她们失去一次增强抵御乳腺癌能力的机会。因为女性第一次足月的妊娠可以导致乳腺上皮发生一系列变化而趋成熟，使得上皮细胞具有更强的抗基因突变能力，同时产生大量的孕激素，对于保护乳房健康很有用。此外，提倡妇女每月进行一次乳房自查，有月经的女性最佳检查时间为每月月经来潮后第 9~11 天，因为此时乳房比较松软，易于发现病变。已停经的妇女可随意选择一个月的任何一天，定期检查。一旦发现异常应及时就诊，争取早发现早治疗，把乳腺癌的危害降到最低。

（林　怡）